U0303567

科学人文名著译丛

The Concept of Nature

Alfred Whitehead

自然的概念

〔英〕怀特海 著

杨富斌　陈伟功 译

创于1897　商务印书馆
The Commercial Press

Alfred North Whitehead
THE CONCEPT OF NATURE
The Tarner Lectures Deliverd in Trinity College,
November 1919

本书根据Neo Editorial Books 2015年版译出

科学人文名著译丛
出版说明

当今时代,科学对人类生活的影响日增,它在极大丰富认识和实践领域的同时,也给人类自身的存在带来了前所未有的挑战。科学是人类文明的重要组成部分,有其深刻的哲学、宗教和文化背景。我馆自20世纪初开始,就致力于引介优秀的科学人文著作,至今已蔚为大观。为了系统展现科学文化经典的全貌,便于广大读者理解科学原著的旨趣、追寻科学发展的历史、探讨关于科学理论与实践的哲学,从而真正理解科学,我馆推出《科学人文名著译丛》,遴选对于人类文明产生过巨大推动作用、革新人类对于世界认知的科学与人文经典,既包括作为科学发展里程碑的科学原典,也收入了从不同维度研究科学的经典,包括科学史、科学哲学和科学与文化等领域的名著。欢迎海内外读书界、学术界不吝赐教,帮助我们不断充实和完善这套丛书。

目　　录

前　言

本书的内容最初来自塔纳系列讲座的开讲课程，系1919年 1
秋季于三一学院所讲。塔纳讲席是由爱德华·塔纳（Edward
Tarner）先生慷慨创建的非正式职位。在这个职位上的每位主
讲人的职责是，要讲授一门关于"科学哲学和不同知识部门之
间存在或不存在的关系"的课程。本书体现了该系列讲座第一
位主讲人为完成其任务所做的努力。

本书各章均保留了原初的讲座形式，除了旨在消除表达上
的模糊之处而稍做调整之外，其余部分则努力保持原样。讲座
形式的优点在于，它向听众暗示了确定的心理背景，而这正是演
讲的目的，即以一种特定的方式对听众加以影响。要提出具有
广泛影响的新观点，仅从前提到结论的单一交流路径是不足以
达到理解的。你的听众会解析你所说的一切，以符合他们先前
的既有观点。缘于这一理由，就可理解性而言，前两章和后两章
是必不可少的，尽管它们几乎没有增加这个论述在形式上的完
整性。它们的作用在于防止读者被误导，从而产生误解。出于
同样的理由，我避免使用现行的哲学专业术语。现代自然哲学
中自始至终贯穿着关于二分法（bifurcation）的谬误，本书第二

章对此进行了讨论。与此相应,所有的这类术语都以某种细微的方式预设了对我的论题的误解。或许,也可以明确地说,如果读者沉溺于二分法的草率惯例中,那么,我在这里所写的任何一个字都将是不可理解的。

本书最后两章不完全属于该课程。第八章系1920年春季给帝国理工学院的学生化学兴趣小组所做的讲座。我之所以将其附在这里,是为了便于总结和展现本书的主旨,以便让读者拥有明确的看法。

关于《自然的概念》这部著作,与我先前的著作《自然知识原理研究》系姊妹篇。这两部著作可以分开来读,但它们是相辅相成的。在本书中所提出的观点,有一部分在之前写的那本中从略;有一部分则通过另一种说明而超越了同一个范围。一方面,我尽力避免使用数学表示法,并且假定了那些数学推导的结果。其中有一些说明得到了改进,而另一些说明则进行了重构。另一方面,我省略了先前著作中的一些要点,因为我对它们并没有什么新看法要说。就总体而言,前一部著作主要是基于直接从数学物理学中得来的观点,而本书则避开了数学,更接近于哲学和物理学的某些领域。在讨论空间和时间的一些细节时,这两部著作的内容则有所交叉和重复。

我没有意识到我究竟以什么方式改变了自己以往的观点。总之,我已经取得一些进展,已将那些能不用数学进行解释的内容纳入本书之中。在最后两章我提到了数学的发展。它们涉及数学物理原理与这里所坚持的相对论原理相适应的问题。虽然我采用了爱因斯坦的张量理论方法,但是这种应用是在不同途径和不同假设下进行的。他的那些通过经验验证的结论也可以用我的方法得到。这种分歧主要地源于如下事实，即我不接受他关于非统一空间的理论，也不接受他关于光信号有特别的基本性质的假设。然而，不要误以为我对他最近关于广义相对论著作的价值缺乏认识，相反，他这一著作的最大优点是，首先指出了应根据相对论原理而进行数学物理学研究的途径。但是根据我的判断，在一种非常令人怀疑的狭隘的哲学范围内，他束缚了自己卓越的数学方法的发展。

本书及其姊妹篇的目的是为自然哲学奠基，而自然哲学则是重构思辨物理学的必要前提。主导着这种建设性思想的空间和时间的广义一致性，可以从闵科夫斯基（Minkowski）那里获得科学方面的独立支持，也可从后继相对论者那里获得独立支持；而在哲学家方面，我相信，这是亚历山大（Alexander）教授几年前所做的但尚未出版的吉福德讲座（Gifford Lectures）的主题之一。他还在 1918 年 7 月向亚里士多德学会发表的报告中总结了他对这个问题的结论。自从《自然知识原理研究》出版以来，我有幸阅读了布罗德（C. D. Broad）先生的《知觉、物理与实在》（[*Perception*, *Physics*, *and Reality*]，剑桥大学出版社，1914 年）。这部很有价值的著作对我在第二章中的讨论颇有助益，尽管我不知道布罗德先生会在多大程度上同意我在那里陈述的哪些论点。

最后我要衷心感谢剑桥大学出版社的工作人员，包括排版、校对、销售和管理人员，不仅感谢他们拥有出色的专业技能，而且感谢他们的合作方式给我提供的诸多便利。

怀特海

帝国理工学院

1920年4月

第一章　自然和思想

塔纳讲座的主题被设立者限定为"科学哲学和不同知识部门之间存在或不存在的关系"。在这个新设立的讲座第一讲中，花费一些时间探讨一下设立者在这个限定中想要表达的意图，这也许是恰当的，并且我也乐意这样做，因为这样我就可以借此机会介绍一下现在这一门课程所要讨论的主题。

在我看来，我们有正当理由把这个限定的第二个短语当作部分地是在说明第一个短语。什么是科学哲学？说它是对不同知识部门之间的关系的研究，这是个不错的答案。然后，出于对值得赞赏的自主学习的考虑，在这一限定词"关系"后面又插入了短语"或不存在关系"。对各门科学之间的关系进行反驳或反证，其本身就构成了科学哲学。但是，我们既不能去掉前一个短语，也不能去掉后一个短语。各门科学之间的每一种关系并非都要纳入科学哲学之中。例如，生物学和物理学可通过使用显微镜而联系起来。然而，我可以有把握地断定，在生物学中使用显微镜来进行专业描述，这并非是科学哲学的一部分。而且，你不能抛弃这一限定的后一短语；也就是说，要把科学之间的关系也包含在内，同时又不抛弃对某种理想的明确参照，因为倘若没有这种理想,由于缺乏内在的兴趣,哲学必定会萎靡不振。这种理想就是要获得某种统一的概念,这一概念将在其自身之内指定的关系中为知识、情感和情绪准备好所有的东西。这种远大理想乃是哲学研究的原动力,并且即使你想赶走它,它也要求你对它效忠。哲学多元论者通常都是严格的逻辑学家;黑格尔学派凭借其绝对概念在矛盾问题上获得了成长;伊斯兰教神学家在安拉的创造意志面前鞠躬膜拜;而实用主义只要"有效",就能解释一切事物。

这里提及这些庞大的体系,以及这些体系中长期存在的争论,乃是要警示我们,务必要专心致志,心无旁骛。我们的任务是科学哲学中比较简单的任务之一。现在科学已成为某种统一体,这正是缘何知识部门已被本能地看作构成科学的原因之所在。科学哲学就是要努力清晰地阐述普遍地存在于这些思想复合体之中的统一特征,从而使之成为科学。科学哲学——被看作一门学科——乃是要努力地把全部科学呈现为一门完整的科学,或者——在失败的情况下——反证其不可能性。

此外,我将进一步做出简化,把注意力仅仅集中于自然科学,亦即以自然为主题的科学。通过设定这一组科学的共同主题,统一的自然科学哲学就可由此而被作为预设了。

我们所说的自然是指什么呢?为回答这一问题,我们必须讨论关于自然科学的哲学。而自然科学就是关于自然的科学。但是,什么是自然呢?

自然乃是我们通过感官而在知觉中所观察到的东西。在这种感官-知觉(sense-perception)中,我们觉察到了某种不是思想的东西,但却是思想中内在包含的东西。这种思想中的内在包含属性存在于自然科学的基础之中。这意味着自然界可以被设想为一个封闭系统,其中的相互关系并不要求表达"它们是被思考的"这一事实。

因此,在一定意义上,自然界是不依赖于思想的。通过这一陈述,我无意做出任何形而上学的声明。我的意思是指,我们可以不凭借任何思想而思考自然界。我想要说的是,我们此时是在"同质地"思考自然界。

当然,我们也可以结合自然是被思考的这一事实来而思考自然界。事实上在刚刚过去的几分钟内,我们就是在异质地思考自然界。而自然科学唯一地同关于自然界的同质思想有关。

但是,感官-知觉本身中所具有的元素则不是思想。感官-知觉中是否包含着思想,这是心理学上的难题;并且如果它的确包含着思想,那它必然地包含的思想属于哪一种类型呢?请注意,在前面我们已经说过,感官-知觉乃是对不是思想的东西的觉察。换言之,自然不是思想。但是,这是不同的问题,也就是说,在感官-知觉事实中含有不是思想的因素。我把这个因素称为"感官-觉察"(sense-awareness)。因此,坚持认为自然科学唯一地只同关于自然界的同质思想有关,这一学说本身中并不包含这样的结论:自然科学同感官-觉察无关。

然而,我确实要进一步对这一陈述加以断定,亦即,虽然自然科学同作为感官-知觉之目标的自然有关,但它同感官-知觉本身则无关。

我要重申这条论证的主线,并要在某些方向上对其进一步扩展。

　　关于自然的思想不同于对自然的感官－知觉。因此,在感官－知觉事实中具有不是思想的成分或因素。我称这种成分为感官－觉察。而感官－知觉是否有思想作为其另一成分,这与我的论证毫不相关。倘若感官－知觉不包含思想,那么感官－觉察和感官－知觉就是同一的。但是,被知觉之物是被作为感官－觉察的目标而被知觉为存在的,它对思想而言已超出了感官－觉察的事实。同时被确定地知觉到的事物并不包含其他感官－觉察,即它不同于作为该知觉之成分的感官－觉察。因此,在感官－知觉中所揭示的自然,除了相对于在思想中是自足的,相对于在感觉－觉察中也是自足的。我还要通过说明自然对心灵是封闭的,来表达自然的这种自足性。

　　这种自然的封闭性本身并不包含关于自然与心灵相分离的任何形而上学学说。它意味着在感官－知觉中,自然被揭示为各种存在的复合,这些存在的相互关系无须参照心灵,亦即它既无须参照感官－觉察,也无须参照思想,就能在思想上得以表达。进一步说,我不想被人们理解为我的观点包含的意思是,感官－觉察和思想是唯一可归因于心灵的活动。同时我也不否认,自然存在物与心灵之间,或者与心灵的感官－觉察目标不同的心灵之间,存在着种种关系。因此,我将会扩展在前面已经阐述过的"同质思想"和"异质思想"的含义。当我们思考自然时没有思考思想或思考感官－觉察,那我们就是在"同质地"思考自然,而当我们联系着思考思想或思考感官－觉察或在同时思考二者时思考自然,那我们就是在"异质地"思考自然。

　　我还把对自然的同质性思想看作排除了对道德或美学价值

的任何参照,而这些道德和美学理解与自我意识活动一样是异常活跃的。关于自然的价值观也许对存在进行形而上学的综合是关键,然而这种综合恰恰不是我想要尝试着去做的事情。我唯一关心的是在最大的范围内做出一般性概括,而这些概括有可能会受到在我们看来是感官-觉察所直接释放的东西的影响。

　　我已经说过,自然界是在感官-知觉中所呈现的各种存在的复合体。在这个联系中,我们指的存在是什么,这是值得考虑的。"存在"(entity)不过是拉丁语中"事物"(thing)的对应词,只是出于技术目的,人们才对这两个词做了任意的区分。所有的思想一定都是关于事物的思想。通过研究命题的结构,我们就能获得思想对于事物的这种必然性的某种观念。

　　我们可以假设,命题是通过解说者向接受者传递而交流的。这一类命题是由一些短语组成的;其中有些短语是证明性的,而有些短语则是描述性的。

　　我所说的证明性短语是指,这个短语可以使接受者以某种方式觉察到某个存在,而这个存在则是不依赖于这个特殊的证明性短语的。你们将会明白,我在这里是以非逻辑的意义来使用"证明"一词的,也就是说,其意义就像一位讲师借助青蛙和显微镜向医学专业低年级学生证明血液循环一样。我将把这种证明称为"思辨"式的证明,这使人想起哈姆雷特对"思辨"一词的用法,他曾说过:

　　在这些人看来根本没有思辨。

因此,证明性短语是在思辨地证明存在。也许碰巧说解说是指某个其他存在——也就是说,这个短语向他证明的存在不同于这个短语向接受者所证明的存在。在这种情形下,就会出现混淆;因为这里有两种不同的命题,即解说者所理解的命题和接受者所理解的命题。我把这种可能性视为与我们这里的讨论无关,暂时将之搁置一旁,因为在实践中两个人很难同时考虑一个完全相同的命题,或者说,即使同一个人也难以判定他正在考虑的命题正是同一个命题。

10　　　此外,这种证明性短语也许不能证明任何存在。在此种情况下,就不存在任何接受者的命题。在我看来,我们可以假定(也许是轻率地)解说者知道他所说的是什么。

证明性短语是某种表示。它本身并不是该命题的构成部分,但它所证明的存在则是这种构成部分。在某个证明性短语以某种方式令你感到不快时,你可能会拒绝接受;但是,如果它证明了正确的存在,那么这个命题就不会受到影响,尽管你的自尊可能会受到冒犯。这种表达方式的启发性是传达这个命题的句子是否具有文学品质的一部分。这是因为一个句子会直接地传达一个命题,而在其表达方式中,却暗示了带有情感价值的其他命题的模糊含义。我们现在所讨论的是由任何表达方式所直接传达的命题。

这一学说由于如下事实而令人费解:这就是在大多数情况下,那些在形式上只是证明性表示的一部分,事实上却是可望直接传达的命题的一部分。在这种情况下,我们就可以把该命题的表达方式称为“省略性的”。在日常交流中,几乎所有的命题所使用的表达方式都是省略性的。

我们试举例说明。假如一位解说者是在伦敦某个地方，譬如说，是在摄政公园和贝德福德学院，这个著名的女子学院位于该公园之内。他在学院大厅里讲话，说道：

这个学院的建筑很宽敞。

其中"这个学院的建筑"（this college building）这个短语就是一个证明性短语。此时我们假设一位接受者回答说：

这不是学院的建筑，而是动物园的狮子房。

那么，假定这位解说者对原有的命题没有用省略性表达方式来表达，那么这位解说者在回答接受者的问题时就会坚持己见，以原有的命题来回答：

不管怎样，它就是宽敞的。

请注意，这位接受者的回答实际上接受了短语"这个学院的建筑"是思辨性的证明。他不是在说"你指的是什么？"他接受了这个短语，把它视为证明了某种存在，但是他声称这同一个存在是动物园的狮子房。在这个回答中，这位解说者以他的行为认可了其原有表示的成功，把其当作思辨性的证明，并以"不管怎样"放弃了其暗示方式是否合适的问题。但是，此时他是在借助于被剥夺了任何适合或不适合所暗示的证明性表示，来重复那个原初的命题，说道：

它就是宽敞的。

最后这个陈述中的"它"（it），假设了思想已把握住了那个存在，把其当作单纯的思考目标。

我们通常把自身限定在由感官－觉察所揭示的存在之上。

这种存在就这样被揭示为自然复合体中的关系者。由于其自身的种种关系，它逐渐地被观察者所理解；但是，它以其自身纯然的个体性而成为思想的目标。否则，思想就不可能继续下去；也就是说，倘若没有由思辨所证明的这种纯然理想的"它"，思想就无法进行。脱离了感官–知觉在其中发现其自身的复合体，把这种存在设置为纯然的目标，这并不会使它成为存在。这种思想中的"它"实质上是感官–觉察的关系者。

关于学院大楼的对话，这种可能性也可采用另一种形式。不论那位解说者最初想说的意思是什么，现在几乎可以肯定的是，他以前的陈述是以省略性的表达方式来表述的，并假定他的意思是指：

这个是学院的建筑，并且是宽敞的。

这里的证明性短语或表示，其证明这个宽敞的"它"，现在已被还原为"这个"；并且这个弱化的短语，根据其被说出的条件，已足以达到正确的证明目的。这便带来了如下的核心要义：言语形式绝不是命题的全部表达方式；这个表达方式中还包含着命题得以产生的一般条件。因此，证明性短语的目标，乃是要把确定的"它"展示为思想的纯然目标；但是，证明性短语的操作样式（ *modus operandi* ）就是要造成对这种存在的觉察，即把其当作某种附属复合体中的特殊关系者，而选择这种附属复合体只是出于思辨证明的缘故，而与该命题则是无关的。例如，在上述对话中，学院和建筑，作为与短语"这个学院的建筑"所思辨地证明的"它"有关联的东西，在与该命题"它是宽敞的"无关的附属复合体中设置了那个"它"。

当然,在语言中,每个短语都不可避免地是高度省略性的。因此,如下句子:

这个学院的建筑是宽敞的。

可能是指:

这个学院的建筑作为学院建筑是宽敞的。

但是,我们可以发现,在上述讨论中,我们可以用"作为学院建筑是宽敞的"来代替"宽敞的",同时又不改变我们的结论;虽然我们可以猜想,那位接受者,由于他认为他是在动物园的狮子房里,可能不大会同意如下命题:

不管怎样,作为学院建筑它是宽敞的。

如果这位解说者给这个接受者强调如下评价,那就会有一个更为明显的省略表达方式的例子:

那个罪犯是你的朋友。

那个接受者可能会回答说:

他是我的朋友,而且你是在侮辱我。

在这里,那位接受者不仅认为"那个罪犯"短语是省略性的,而且不只是证明性的。事实上,纯粹的证明是不可能的,虽然这是思想的理想。纯粹的证明在实际上不可能,这正是思想交流和思想保持中的难题。也就是说,关于自然界中某个特殊因素的命题,若是不借助于与之无关的附属复合体,既不可能与他人表达,也不可能保持下来,使人能重复思考。

我现在转向描述性短语。这位解说者说:

摄政公园里的学院是宽敞的。

这位接受者对摄政公园很熟悉。"摄政公园里的学院"(A

College in Regent's Park ）这一短语对他来说是描述性的短语。
如果其表达方式不是省略性的——在日常生活中这一表达方式
确定地会以这种或那种方式是省略性的——,那么这个命题只
会是指:

有一个存在是摄政公园里的学院建筑,并且是宽敞的。

如果那个接受者回辩说:

动物园里的狮子房是摄政公园里唯一宽敞的建筑。

那么,他此时就是在否定那个解说者的话,其假设是动物园
的狮子房不是学院的建筑。

因此,尽管在第一个对话中该接受者只是同解说者争辩,
并没有反驳解说者的观点,而在这个对话中接受者则反驳了
解说者的观点。因此,描述性短语乃是其有助于表达的命题
的一部分,而证明性短语则并不是其有助于表达的命题的一
部分。

同时,这位解说者有可能正站在格林公园里——这里并没
有学院建筑——并说道:

这个学院的建筑是宽敞的。

也许,该接受者并没有听到任何命题,因为该证明性短语

这个学院的建筑

由于不存在它以之为前提的感官-觉察的背景,所以没有得到
证明。

14　　但是,如果该解说者说:

格林公园里的学院建筑是宽敞的。

该接受者则会接收到一个命题,但这个命题却是个假命题。

语言通常是模糊不清的,对于它的意义做出一般的断定通常是轻率的。但是,以"这个"或"那个"开头的短语则通常是证明性的,而以定冠词"the"或不定冠词"a"开头的短语则常常是描述性的。在研究命题表达理论时,重要的是要记住,"这个"和"那个"以及"a"和"the"这些大体类似的词语之间具有很大区别。

摄政公园里的学院建筑是宽敞的。

根据最先由伯特兰·罗素所做的分析,这个句子是指如下命题:

"有一个存在,它(1)是摄政公园里的学院建筑,(2)是宽敞的,(3)是摄政公园里任何学院建筑都与它完全一样。"

"摄政公园里的学院建筑"这个短语,其描述性特征因而是显而易见的。同时,若是否定其自身三个组成从句中的任何一个从句,或者否定该组成从句的任何结合,那么该命题就会被否定。如果我们用"格林公园"替代了"摄政公园",那就会导致一个假命题。而且摄政公园里第二个学院的建造也会使这个命题成为假命题,虽然在日常生活中,常识通常有可能会委婉地只是把它当作模糊的命题。

在学者们看来,《伊利亚特》通常是个证明性短语;因为这个短语向学者们证明了它是一部著名的史诗。但是,在大多数人看来,这个短语是描述性短语,也就是说,它与"命名为'伊利亚特'的史诗"是同义词。

名称有可能既是证明性短语,也是描述性短语。例如,"荷马"对我们来说是描述性短语,也就是说,这个词是指写了《伊利亚特》的那个人，只是这两个词在暗示性上稍有区别。

这个讨论表明，思想把纯然的目标摆在了自己面前，我们称之为存在。思维通过表达这些存在的相互关系而把它们包含于自身之中。感官-觉察是通过作为思想中的存在这些因素来揭示事实的。思想中的存在各自分离，这并不是形而上学的断定，而是个别命题的确定表达所必不可少的处理方法。若是离开了这些存在，那就不可能会有有限的真理；它们是被用来把无限的不相干事物拒之于思想之外的手段。

综上所述，思想的目标是存在，这些存在首先具有纯然的个体性，其次具有思想进程中归之于它们的诸种属性和关系；感官-觉察的目标是自然事实中的因素，它们首先是关系者，其次它们才被区分为不同的个体。

感官-觉察为知识所直接断定的那些自然特征，没有哪一个能得到说明。它们是思想所不能穿透的，意思是指，其自身的独特性虽然通过感官-觉察而浸入了经验之中，然而对思想来说，这只不过是把其自身的个体性保护为纯然的存在而已。因此，对思想来说，"红色"只是某种确定的存在，虽然对觉察来说，"红色"具有其自身的个体性内容。从觉察到的"红色"转变为思想中的"红色"，在这种转变过程中伴随着确定的内容丢失，也就是说，伴随着从作为客观因素的"红色"转变为思想中的"红色"的存在会有一些东西丢失。向思想转变时的这种丢失，由以下事实得到了补偿，即思想是可以交流的，而感官-觉察却是不可交流的。

因此，在我们的自然知识中有三个成分，这就是事实、因素和存在。事实是感官-觉察的未加区分的目标；因素是感官-觉察的已被区分为事实元素的目标；存在则是以其自身功能作为思想目标的因素。如此谈论的存在就是自然存在。思想比自然更加宽广，因而有一些思想中的存在并非自然存在。

当我们把自然界说成是相关的诸种存在之复合体时，"复合体"就是对思想而言的作为存在的事实，把这些自然事实包含在其自身复合体之中的属性，可被归之于它们的纯然个体性。我们的任务正是要分析这个概念，并且在这个分析过程中，空间和时间应当出现。显然地，这些自然存在之间具有的关系本身就是自然存在，也就是说，在这里对感官-觉察而言，它们也是事实因素。相应地，这些自然复合体的结构绝不可能在思想中全部完成，正如这些事实因素绝不可能在感官-觉察中被穷尽一样。不可穷尽性是我们的自然知识的本质特征，而自然界也不会穷尽思想的事情，也就是说，有一些思想不会出现在任何对自然的同质思考之中。

关于感官-知觉中是否包含着思想，这个问题在很大程度上是个言词问题。如果感官-知觉中包含对个体性的认知，而这种个体性是从该存在作为事实内之因素的现实地位中抽象出来的，那么，感官-知觉毫无疑问地包含着思想。但是，如果把事实中的因素当作感官-知觉，而这个因素能激起情绪和有目的的行动然而却没有进一步的认知，那么它确实不包含思想。在这种情形下，感官-觉察的目标就是心灵中的东西，而对思想来说则是无。可以推测，某些低级形式的生命，其感官-知觉习惯上与这种性质相近。此外，当思想活动平息下来达到沉寂静默时，我们自身的感官–知觉也会在瞬间偶尔地离获得这种理想界限不太遥远了。

感官–觉察的区分过程有两个不同的方面。一方面是把事实区分为各个部分，另一方面则是把事实的任何部分区分为与各种存在的表现关系，而这些存在并不是事实的组成部分，虽然它们是其中的成分。也就是说，觉察的直接事实是自然界的全部显现。正是自然界作为事件呈现给感官–觉察，并且其在本质17上是流变的。世界上根本不存在静止不动并可让人驻足观看的自然界。我们不可能通过加倍努力来改进我们关于当下感官–觉察之目标的知识；正是我们在随后的感官–觉察中随后的机会里，才可从我们的良好解决结果中获得益处。因此，就感官–觉察而言，终极事实就是事件。这个整体性的事件可由我们区分为各个部分。我们可以觉察到作为我们肉体生命的事件，觉察到作为这个房间里的自然过程的事件，以及作为模糊地知觉到的其他部分事件之集合的事件。

我将在事件的任意限制的意义上使用"部分"一词，而该事件则是觉察中所揭示的整体事实的组成部分。

感官–觉察还会给我们产生自然界中不是事件的其他因素。例如，蓝天通常被看成位于某个事件之中。这种场所关系需要进一步讨论，我打算在以后的演讲中再讲。我现在的观点是，蓝天是以事件中的确定含义存在于自然之中的，但其本身并不是事件。因此，除了事件以外，自然界中还有其他一些因素直接地通过感官–觉察揭示给我们。在思想中把所有的自然因素看作具有确定的自然关系的不同存在，这一概念正是我在其他地方所说的"自然的多样性"。①

　　根据前面的讨论,我们可以得出一个一般性的结论。这就是,科学哲学的首要任务应当是对通过感官-知觉而揭示给我们的存在做出一般的分类。

　　被我们用来作为说明目的的存在的例子,除了"事件"以外,还有贝德福德学院的建筑物、荷马和蓝天。显然地,这些东西是种类非常不同的事物;并且关于一种存在所做的陈述有可能对另一种存在来说并非是真的。如果人类的思想遵循抽象的逻辑向其提出的有序方法,那么我们就可以进一步说,对自然存在的分类应当是科学本身的首要任务。也许你们会回答说,这种分类业已形成了,并且科学所关注的是物质性的存在在时间和空间中的探险。

　　我们也必须撰写关于物质的学说史,亦即希腊哲学对科学发生影响的历史。这种影响造成了人们对自然存在的形而上学地位长期具有误解。这种存在被人们与作为感官-觉察之目标的因素割裂开来,使其成为该因素的基质,而该因素则被降低为这种存在的属性。以此方式,人们给实际上没有任何区分的自然界强加了某种区分。就其自身来考虑,自然的存在只不过是某种事实因素。它与事实复合体的分离只是一种抽象。它并不是自然因素的基质,而只是存在于思想之中的东西。因此,把感官-觉察转变为推论性知识的那种纯粹的心灵处理方法被转变

① 参见《自然知识原理研究》(*An Enquiry concerning the Principles of Natural Knowledge*, Cambridge University Press, 1919)。

为自然的基本特性。以这种方式，物质便呈现为其自身各种属性的形而上学基质，并且这种自然的过程也被解释为物质的历史。

柏拉图和亚里士多德发现，希腊思想一直在全神贯注于追求简单的实体，并且认为根据这些实体就可以表达事件的进程。我们可以用"自然是由什么构成的？"这一问题来阐述这种心灵状态。他们不仅对这个问题给出了天才的回答，更为特别的是，在他们用来构成其回答的术语中所隐含的概念已经决定了关于在科学中占支配地位的时间、空间和物质的毫无疑问的预设。

在柏拉图那里，思想的形式要比在亚里士多德那里更为易变或灵活，因此我斗胆认为，它们在柏拉图那里也更有价值。它们的重要性表现在如下证据上，这就是在通过长期的科学哲学传统而使自然界被迫成为统一的模型之前，它们已对自然形成了有教养的思想。例如，在《蒂迈欧篇》中，关于一般的自然生成和自然的可测量时间的区别已有某种预设，虽然这个预设表达得有些模糊不清。在随后的演讲中，我不得不区分我所说的"自然的流变"和可展示该流变之某些特征的特殊时间系统。我至此还不打算声称柏拉图是直接支持这一学说的，但是我的确认为，如果我的区分得到承认，《蒂迈欧篇》中讨论时间的那些章节就会变得更加清晰。

不过，这是题外话了。我此时关心的是希腊思想中关于科学的物质学说的起源问题。在《蒂迈欧篇》中，柏拉图断定自然界是由火和土构成的，火和土之间则是由气和水为中介的，因此，"气之于水如同火之于气，水之于土如同气之于水"。他还为这四种元素提出了分子假设。根据这个假设，所有的事物都依赖于原子的形状，土的原子是立方体的，火的原子是金字塔形的。今天的物理学家们也在讨论原子的结构，并且原子的形状绝不是该结构中无足轻重的因素。柏拉图的猜测看上去要比亚里士多德的系统分析更加奇特，然而在某些方面却更有价值。他的观念中所包含的主要观点堪与现代科学观点相媲美。它把任何自然哲学理论必定会保持并在某种意义上必须说明的概念具体化了。亚里士多德追问的基本问题是：我们所说的"实体"的含义是什么？在这里，他的哲学和他的逻辑之间的背反作用非常不幸地发生了。根据他的逻辑，肯定命题的基本类型谓词从属于主词。因此，在他所分析的"实体"一词的许多流行用法中，他强调实体的意义就是"终极基质，它不能再基于任何其他事物"。

对这种亚里士多德逻辑不加怀疑的接受已导致了一种根深蒂固的倾向，这就是为感官-觉察中所揭示的任何东西假设了一种基质，亦即在我们所觉察到的东西下面寻找"具体事物"意义上的实体。这就是现代科学上的物质和以太概念的起源，也就是说，它们是由这种假设的顽固习惯所造成的。

因此，现代科学发明了以太，并以之作为事件的基质，而事件则是在日常值得考虑的物质不能企及的空间和时间里普遍存在的。就个人而言，我认为谓词是个混乱的概念，它在方便的共同言说形式下混淆了许多不同的关系。例如，我坚持认为，绿色与草叶的关系完全不同于绿色与这片叶子的短暂生命史这个事件的关系，并且不同于这片草叶与该事件的关系。在一定意义上,我称这个事件为绿色的场所,而在另一意义上,它也是那片叶子的场所。因此,在一种意义上,这片叶子是可作为该场所之谓词的属性,而在另一意义上,该绿色也可作为其场所的同一事件的属性。以此方式,那些属性的谓词就严重地遮蔽了这些存在之间的不同关系。

因此,"实体"一词由于同"谓词"相关联也成为模糊不清的了。如果我们要在什么地方寻找实体,那我们就要在事件中去寻找,因为事件在某种意义上就是自然的终极实体。

在现代科学意义上,物质就是要回到爱奥尼亚学派所做的努力上,以在空间和时间中发现构成自然的某种材料。它比根据同亚里士多德实体观念的某种模糊联系而对土和水所做的早期猜测具有更精确的意义。

土、水、气、火和物质,以及最后还有以太在直接连续性上是相关联的,这是就它们被假定为自然界终极基质的特性而言的。它们见证着希腊哲学寻找终极存在的永恒生命力,而这些终极存在就是在感官-觉察中所揭示的事实因素。这种探索就是科学的起源。

从早期爱奥尼亚思想家的朴素猜测开始,到19世纪的以太结束,这些观念的连续性使我们想到,科学的物质学说实际上是一种混合物,哲学通过这种混合物沿着其既定的道路达到了精致的亚里士多德实体概念,而当科学反对哲学的抽象时也回到了这种混合物。爱奥尼亚哲学中的土、火和水与《蒂迈欧篇》中有形状的元素可与现代科学中的物质和以太相比肩。但是,实体表示支撑任何属性的基质这样的终极哲学概念。物质(在科学意义上）已经处在空间和时间之中。因此，物质表示拒绝脱离空间和时间特征来思考，并达到了纯然的个体存在概念。而正是这种拒绝造成了把纯然的思想过程注入自然事实之中的混乱。这种存在，由于除时间和空间特征以外不具任何特征，便获得了作为自然界终极本质的实质性地位；因而自然过程被视为不过是物质本身在空间中探险的命运而已。

因此，物质学说的产生乃是无批判地把空间和时间接受为自然存在的外部条件的结果。我这样说的意思并不是指，对作为自然成分的空间和时间事实应当给予任何怀疑。我的意思是指，"关于空间和时间的未经批判的预设前提成为自然界据以建立起来的预设前提。而正是这种预设前提使思想具有反对哲学批判的微妙意味。关于这种科学的物质学说的形成，我的理论观点是，哲学先是非法地把这种纯然的存在（即对思想方法来说只是一种必不可少的抽象）转化为自然界中这些因素的形而上学基质（这些因素是通过各种感觉被当作其自身属性的存在）；然后第二步，那些有意无意地忽视哲学的科学家们（包括其本身是科学家的哲学家们），则以这种作为属性之基质的基质作为预设前提，不管如何把其看作处于时间和空间之中。

这一学说简直是混乱不堪。实体的全部存在就是作为属性的基质。因此，时间和空间应当是这种实体的属性。这里显然它们并非如此，即使物质是自然界中的实体，若是不求助于包含与物质碎片不同的关系项之关系，那就不可能表达关于时-空的真理。然而，我把这一点暂时搁置一旁，先讨论一下另外一个问题。处在空间之中的并不是这种实体，而是这些属性。我们在

22

空间中所能发现的东西乃是玫瑰的红色、茉莉的味道和大炮的噪声。我们都会告诉我们的牙医我们哪儿牙痛。因此,空间并不是实体之间的关系,而是属性之间的关系。

因此,即使你承认对实体的坚持可以允许把实体看作物质,那以空间表达了实体之间的关系为借口而把实体塞入空间,则可谓是欺诈。就其表面而言,空间与实体无关,而是只与它们的属性有关。我的意思是,如果你选择——我认为这是错误的——把我们关于自然的经验当作对实体之属性的觉察,那么根据这种理论,我们就不可能在我们的经验中所揭示的实体之间发现任何类似的直接关系。我们所能发现的是这些实体的属性之间的关系。因此,即使物质可被看作空间中的实体,那么其本身所存在于其中的空间也与我们的经验的空间几乎没有任何关系。

上述论证是根据空间关系理论来表达的。但是,即使空间是绝对的——也就是说,即使空间可以独立于其中的事物而存在——这个论证的过程也难以改变。因为空间中的事物一定与空间具有特定的基本关系,我们称之为占有。因此,如下反对意见仍然有效:属性只有在与空间有关系时才能被观察到。

科学上的空间学说被认为是与绝对时间理论有关的。同样的论证也适用于物质和时间之间的关系,正如其适用于空间与物质的关系一样。然而,(根据现行哲学)空间和物质的联系同时间和物质的联系并不相同,对此我会进一步说明。

空间不只是物质存在的秩序化,因而任何一种(物质)存在都与其他物质存在具有一定的关系。空间的占有会给每一个物质存在本身施加某种特性。由于物质对空间的占有,因而物质具有广延性。由于其广延性,每一块物质都可分为各个部分,并且每一部分都是数量上与其他这样的部分有所不同的存在。因此,每一个物质存在似乎都不是一种真正的存在。它在本质上是存在的多样性。若是不能发现每一个终极存在都占有了一个单独的点,似乎就不能停止这种把物质分割为多样性的活动。物质存在在本质上的这种多样性,确实不是科学上所说的意思,也与感官-觉察中所揭示的任何东西都不一致。在这种物质分割的一定阶段上,绝对有必要叫停,并且这样所获得的物质存在应当被当作单位。这个停止阶段可以是任意的,抑或也可以通过自然的特征来确定;但是,科学中的所有分析都遗漏了对其进行空间分析,并且向其自身提出了这样的问题:"这里有一种物质存在,它作为一个存在单位发生了什么呢?"然而,这个物质存在仍然保持着其自身的广延性,而如此这般的广延只不过是一种多样性而已。因此,在自然界中有一种属性在本质上属于原子属性,它不依赖于广延性的分割。有一种东西其本身是一,并且它大于在该单位所占有的容量内占有那些点的诸存在的逻辑集合。实际上,我们可充分地怀疑在这些点上的那些终极存在,并且可怀疑究竟是否有任何这样的存在。它们具有可疑的特性,我们是通过抽象逻辑而不是可观察事实而被迫接受它们的。

　　时间(根据现行哲学)对于占有它的物质不能施加同样的解体效果。如果物质占有着时间的持续性,那么全部物质就会占有该持续性的每一部分。因此,物质和时间之间的联系不同于现行科学哲学所表述的物质和空间的联系。在把时间看作不同的小块物质之间关系的结果时存在的困难,显然地要比类似

24 的空间概念中所存在的困难更大。在一瞬间内,空间的不同容量中都被不同的小块物质占有着。因此,设想空间只是由小块物质之间的关系所造成的,迄今并没有内在的困难。但是在一维时间中,同一小块物质占有着不同的时间部分。因此,时间将必定是可以根据小块物质与其自身的关系来表达的。我自己的观点是,要相信空间和时间之间的关系理论,但不要相信把一块块物质展示为空间关系之关系者的现行形式的空间理论。这种真正的关系者是事件。我方才所指出的时间和空间分别和物质之联系上所存在的区别,使得如下判断显而易见:时间和空间的任何同化都不可能沿着把物质当作空间构成中的基本要素这一传统路线来发展。

自然哲学在其自身的发展中因希腊思想而发生了错误的转向。这一错误的预设前提在柏拉图的《蒂迈欧篇》中是模糊不清和流动不息的。其思想的一般根基现在仍未得到承认,这可以被解释为只是缺乏正当的说明和辩护性的强调。但是,在亚里士多德的说明中,这些现行概念得以强化,并变得确定起来,因而对物质和感官-觉察中所揭示的自然形式之间的关系做了有缺陷的分析。在这个短语中,"物质"一词不是在其科学意义上使用的。

最后我要为自己的观点做一下辩护,以避免误解。显然,现行的物质学说把某些基本的自然规律奉若神明。而任何简单的例子都会具体地说明我的意思是什么。例如,在博物馆里,某个标本被安全地锁在玻璃器皿里。在那里存放数年后,它会颜色消褪,也许还会老化,成为碎片。但是,它依然是同一标本,同样的化学元素和数量相同的元素就像开始时一样,在最后结束时仍然放在那个容器中。同样,工程师和天文学家也在处理着自然界中真正永恒的东西的运动。任何自然理论一刻也不能忽视这些重要的基本经验事实,否则,简直就是愚蠢至极。但是,请允许我指出,对这些事实的科学表达现在已陷入可疑的形而上学迷宫之中;并且当我们消除了这种形而上学,重新开始毫无偏见地审视自然界时,新的见解就会在支配科学和引导研究进步的许多基本概念上闪现出来。

第二章　自然二分论

　　在上一次演讲中,我批评了这样的物质概念:物质就是实体,我们所知觉到的是实体的属性。我认为,这种思考物质的方式是物质概念被引入到科学之中去的历史原因,而且迄今在我们的思想背景中关于这种方式的看法仍然是含糊不清的,这使得当前的科学学说似乎是显而易见的。也就是说,我们认为自己是在感知事物的属性,而且一块块的物质就是那些其属性被我们所感知的事物。

　　在17世纪,物质在这个方面令人愉快的简单性受到了猛烈的冲击。科学上的传递学说那时正处于精心阐述过程之中,并且一直到这个世纪末这个学说也未曾受到过质疑,尽管其具体形式从当时起就一直在修正。这种传递理论的确立标志着科学和哲学之间关系的转折点。我在这里所特别指谓的学说是关于光和声的理论。我毫不怀疑,这些理论在作为常识性的明显意见出现之前就已经模糊地浮现出来了;因为思想中的任何东西都不是全新的。但是,在那个时代,它们却被体系化和精确化了,而且它们的全部结论都是非情感地推论出来的。正是这种认真对待结论的程序方法的确立标志着理论的真正发现。关于光和

声是由某种发射体中所产生的东西——这种系统的学说被明确
地确立起来,特别是光与色的联系完全被牛顿揭示出来了。

　　这个结果完全地摧毁了关于知觉的"实体和属性"理论的
简单性。我们能看见什么东西,这取决于进入眼睛的光线。此外, 27
我们甚至不能感知到进入眼睛之中的东西。被传递的东西是波,
或者——如牛顿所想——是微小的粒子,而且所看到的东西即
为颜色。洛克提出了第一性质和第二性质的理论来解决这个难
题。也就是说,物质有一些属性我们确实能感知到。这些属性
就是第一性质,并且物质还有其他一些属性我们也可以感知到,
例如颜色,它们不是物质性的属性,然而却被我们感知为仿佛它
们就是物质性的属性。这些属性就是物质的第二性质。

　　我们为什么竟然能感知到这些第二性质呢?我们竟然能感
知到很多不存在的东西,这种安排似乎非常的不幸。然而,这就
是第二性质理论实际上会造成的后果。如今,在哲学和科学中
盛行无动于衷地默认这样的结论:当自然在感官-觉察中向我
们呈现时,如果不把自然界拖进与心灵的关系中,我们就不可能
对自然做出融贯的说明。关于自然的现代说明,并非如同其应
该是的那样,只是说明心灵对自然所知道的东西;相反,它还与
自然对心灵的影响混淆了。其结果对科学和哲学都是灾难性的,
但主要对哲学是灾难性的。它使自然和心灵之间的关系这个大
问题,变成了身体和心灵之间的相互作用这样一种琐碎的形式。

　　贝克莱反对物质的争论是建立在光的传递理论所引起的混
乱之上的。他主张抛弃物质学说的现有形式——我认为他是正
确的。然而,除了有限的心灵与神圣的心灵之间的关系理论之

外,他并没有提出什么新东西可替代原有的理论。

但是,在这些讲座中,我们将努力地把我们自身限定于自然本身,不会超越感官-觉察之中所呈现的存在。

知觉力(percipience)本身被视为理所当然。我们实际上考察的是知觉力的条件,但是,这仅仅是就这些条件是知觉所呈现的东西而言的。我们将把对认识者与被认识之物的综合留给形而上学去处理。对这个立场进一步予以某种说明与辩护是必要的,如果要理解这些讲座的论证路线。

所要讨论的直接论题是,任何形而上学解释都是对自然科学哲学的非法干预。这里所谓的形而上学解释,我的意思是指关于思想和感官-觉察如何(超越自然)以及为什么(超越自然)的任何讨论。在科学哲学中,我们寻求的是可适用于自然,即适用于我们在知觉中所觉察之物的一般观念。这就是关于被感知事物的哲学,并且不应当把它混同于关于实在的形而上学,因为后者的范围既包括感知者,也包括被感知之物。任何关于知识客体的难题,都不可能通过声称存在着能认识这种客体的心灵而得以解决。①

换句话说,被我们当作根据的是:感官-觉察是对某物的觉察。那么,我们所觉察到的某物的一般特征是什么?我们不要追问感知者或者感知过程,而要追问被感知之物。我强调这一点是因为对科学哲学的讨论通常太过于形而上学了,在我看来,这非常地有害于这个主题。

① 参阅《自然知识原理研究》前言。

28

求助于形而上学就像是把火柴扔进了火药库，这会把整个场地都炸毁。当科学哲学家们被逼得走投无路，被指责缺乏连贯性时，他们所做的正是如此。他们立刻把心灵拉进来，谈论心灵之内或心灵之外的存在，好像实际情形就是如此。对自然哲学来说，被感知的一切都在自然之中。我们不可挑选。对我们来说，红色的晚霞如同科学家用来解释这种现象的分子和电波一样，都应该是自然的一部分。自然哲学就是要分析自然之中的这些众多因素是如何联系起来的。

在提出这一要求时，我认为自己采用了我们对知觉知识直接的本能态度，只是在传统理论的影响下，我们才会抛弃这种态度。我们本能地愿意相信，在自然界中，通过适当的注意，就可发现比乍看上去所观察到的东西更多。不过，我们通常不会满足于发现的东西更少。我们从科学哲学中所要寻求的东西，就是要对通过知觉所认识的事物是否具有连贯性做出某种说明。

这便意味着拒绝接受对知觉中所认识的客体给予任何心理补充理论（theory of psychic additions）。例如，在知觉中被给予的是绿草。这个客体是我们所认识的自然中的一个成分。而心理补充理论则将绿色作为一种心理补充，认为它是由正在进行知觉的心灵所提供的，而留给自然的只是那些分子和辐射能，它们影响着指向知觉的心灵。我的论点是，这种把心灵拉进来，将其自身作为感官-觉察为知识所设定的事物的补充，只不过是逃避自然哲学难题的方式而已。这个难题是要讨论所认识之物的相互关系，是从它们被认识到这种单纯事实中抽象出来的。自然哲学绝不应该追问，心灵中有什么，自然中有什么。这样做就是承认，它并没有表达通过知觉所认识的事物之间的关系，即没有表达那些其表达就是自然哲学的自然关系。这个任务对我们来说也许是太难了，也许这些关系太过于复杂、太过于多种多样了，因而我们不能理解，或者这些关系太微不足道了，不值得我们麻烦地去阐述。的确如此，要恰当地形成这些关系，我们所走的路只能是一条非常狭窄的路。但是，这至少不会让我们努力地根据正在知觉的心灵的附属行为理论去掩饰失败。

30　　实质上，我所反对的是把自然二分为两个实在系统，就其是实在的而言，它们在不同意义上都是实在的。一种实在是诸如电子之类的存在，它们属于思辨物理学研究的对象。这种实在是为知识而存在的，尽管根据这种理论，它永远不可能被认识。因为能被认识的东西是其他类型的实在，它们是心灵的附属行为。这样一来，就会有两种自然，一种是推测的自然，另一种是梦想的自然。

　　我所反对的这种理论还有一种表述方法，这就是把自然二分为两部分，也就是说，在觉察中把握的自然和作为觉察之原因的自然。作为觉察所把握之事实的自然中包含有树木的绿色、鸟儿的歌声、太阳的温暖、椅子的硬度以及对天鹅绒的感受。作为觉察之原因的自然则是所推测的分子和电子系统，它们可对心灵起作用，从而能产生对显现的自然的觉察。这两种自然的交汇点是心灵，作为原因的自然是流入物，而显现的自然则是流出物。

　　这里有四个问题马上需要与这种自然二分理论相联系进行讨论。它们涉及：（1）因果关系，（2）时间，（3）空间，和（4）错觉。这些问题实际上并不是可以分开的。它们只是构成了四个不同的起点,从这些起点可进入对这种理论的讨论。

作为原因的自然乃是对心灵的影响,这种影响是显现的自然从心灵中流出的原因。这种作为原因的自然概念不可与一部分自然是另一部分自然的原因这种不同的概念相混淆。例如,火的燃烧和来自于火的热量流经作为中介的空间,乃是身体中的神经和大脑以某些方式在发挥作用的原因。但是,这不是自然对心灵的作用。这是自然内部的相互作用。在这种相互作用中所包含的因果关系乃是不同意义上的因果关系,即它是自然内部身体的相互作用这个系统对异己的心灵的影响,而心灵由此才能感知到红色和温暖。

这种二分理论试图要将自然科学表现为对知识的事实是什么原因造成的进行探究。也就是说,它试图把显现的自然展示为由作为原因的自然所造成的心灵流出物。其整个观念部分地是基于这样一种隐含的假设,即心灵只能认识其自身产生的而且在某种意义上保留在其自身之内的东西,尽管它需要某种外部原因来产生和确定其活动特性。但是,在考虑知识时,我们应当排除所有这些空间的比喻,诸如"在心灵内部"和"在心灵外部"。知识是最终的。关于知识的"为什么"不可能有任何说明;我们只能描述知识"是什么"。也就是说,我们可以分析知识的内容及其内在关系,但我们不能说明为什么会有知识。因此,作为原因的自然乃是形而上学的虚构;尽管需要有一种其范围超越了自然界限的形而上学。这样一种形而上学的科学,其目标不是要去说明知识,而是要以其最大的完整性来展示我们的实在概念。

然而，我们必须承认，自然的因果关系理论有其强烈的诉求。这种自然二分法之所以总是要悄悄地溜回到科学哲学之中，其原因就在于，它很难展示所感知到的火的红色和温暖与被搅动的碳氧分子，与来自它们之中的辐射能量，以及与物质性肉体的各种功能之间具有一种系统关系。除非我们能产生这些包罗万象的关系，否则我们就会面临一个二分的自然；即，一方面是温暖与红色，另一方面是分子、电子和以太。然后，这两个因素分别被解释为原因以及心灵对这种原因的反应。

时间与空间似乎提供了倡导自然具有统一性的哲学所需要的这些包罗万象的关系。被感知到的火的红色和温暖，在时间和空间上，明确地是与火的分子和肉体的分子有关系的。

32　　把确定自然本身的意义主要归结为讨论时间的特性和空间的特性，这种说法不过是一种可以谅解的夸张修辞而已。在随后的讲座中，我将要说明我自己的时空观。我将会努力地表明，时空观念是从更具体的自然因素，即从事件中抽象出来的。对这种抽象过程的各种细节的讨论，将会揭示时间与空间是相互联系的，最终会把我们引向现代电磁相对性理论中所出现的时空测量之间的联系。不过，这只是我们对随后进展情况的预期。现在我想考虑的是，这种日常的时空观在统一我们的自然概念方面到底有何帮助，或者说没有帮助。

首先，我们思考绝对时空理论。我们要思考的时间和空间，每一个都是分离的和独立的存在系统，我们所知的每一个系统都是自在自为的，与我们关于自然事件的知识是一同发生的。时间是无持续瞬间的有序连续；并且我们知道这些瞬间仅仅是这种系列关系中的关系者,这种系列关系即为时序关系,并且我们知道,这种时序关系不过是诸多瞬间的关联。也就是说,在我们理解时间时,这些关系和瞬间是我们同时知道的,其中每一个都包含着另一个。

这就是绝对的时间理论。坦率地说,我承认,在我看来这是非常难以置信的。据我所知,我找不到与这种单纯绝对时间理论相对应的任何东西。时间在我看来是从事件的流逝中做出的抽象。使这种抽象成为可能的基本事实是自然的流逝、自然的发展、自然的创造性进展,并且与这一事实结合在一起的是另一个自然特征,也就是事件之间的广延联系。这两个事实,即事件的流逝和事件相互广延,在我看来都是一些属性,时间和空间作为抽象存在就源于这些属性。但是,这只是预告一下我随后所要思考的内容。

同时,再回过头来讨论这种绝对理论,我们可假设,时间在我们看来独立于任何发生在时间里的事件。在时间里所发生的事件会占有时间。这种事件与所占时间的关系,即这种占有关系,是自然与时间的基本关系。因此,这种理论要求我们觉察到两种基本关系,即瞬间之间的时间顺序关系,和时间瞬间与发生在那些瞬间中的自然状态之间的时间占有关系。

有两种考虑导致了对这种占主导地位的绝对时间理论的有力支持。首先,时间超越了自然,而我们的思想在时间之中。因此,似乎不可能仅仅从自然要素之间的关系中获得时间。因为在这种情况下,时间关系不可能与思想有关联。因此,用一个隐喻来说,时间显然地在实在中比自然有更深的根源。因为我们对自然没有任何知觉就可以想象与时间中有关的思想。例如,我们可以用在时间上相互连续的思想想象弥尔顿(Milton)作品中的一位天使,他碰巧没有注意到上帝已经创造了空间,并在其中建立了一个物质性的宇宙。事实上,我认为弥尔顿将空间设立在与时间相同的绝对层面上了。不过,这不会影响到这里的阐述。其次,从相对论中很难得出时间的真正的连续性特征。每一个瞬间都是不可逆的,也永远不可能因为时间的特性而重复发生。但是,如果根据相对论,时间的瞬间只是自然在那个时间上的状态,并且这种时间顺序关系只是这类状态之间的关系,那么,时间的不可逆似乎就意味着所有自然的现实状态永远不可能重复。我承认,即使在最小的具体事物上,似乎也不可能会有这样的重复发生。但是,极端的不可能性并不在这里。我们的无知深不可测,以至对未来事件的可能性和不可能性,我们的判断几乎都不算数。真正的要义在于,自然状态的真正重现似乎纯粹是不可能的,而时间瞬间的重现则违背了我们整个的时间顺序概念。时间的瞬间一旦流逝了就流逝了,再也不可能重复出现了。

34 　关于时间的任何替代性理论都必须认真对待这两种考虑,它们是绝对时间理论的支撑。不过我现在不打算继续讨论它们了。

　绝对空间理论与这种相应的时间理论相类似,不过坚持这种理论的理由更不充分。根据这个理论,空间是由无广延性的点所构成的系统,这些点是在空间秩序关系中的关系者,它们从技术上说可以合并为一种关系。这种关系不会把这些点安排在一个线性系列之中,即不会像时间排序关系对瞬间那样采用那种简单的方法。空间的所有属性都源自这种关系,而这种关系的基本逻辑特征是由数学家们通过几何公理表达出来的。从现代数学家们提出的这些公理①中,整个几何学都可以通过最严密的逻辑推导出来。这些公理的细节现在与我们无关。在我们理解空间时,这些点和关系是同时为我们所知的,其中每一个都包含着另一个。在空间中所发生的事情占有着空间。这种占有关系通常不是用事件而是用客体来表述的。例如,人们会说庞贝(Pompey)的雕像占有了空间,而不会说刺杀朱利叶斯·凯撒(Julius Caesar)的事件占有了空间。在这方面,我认为日常的用法是不幸的,并且我认为事件和空间以及和时间的关系在所有方面都是相似的。不过,在这里我先把自己的意见提出来,在以后的讲座中再讨论。因此,绝对空间理论要求我们觉察到两种基本关系,一是各点之间的空间秩序关系,一是空间中的点与物质性客体之间的空间占有关系。

这种理论缺乏相应的绝对时间理论的那两大支撑。首先, 35 空间不能广延到自然之外,而时间则似乎能广延到自然之外。我们的思想似乎不以它们占有时间那样的同样密切方式占有空间。例如,我一直在房间里思考,在这个意义上,我的思想在空间之中。但是,倘若要问它们占有了多大的房间,不论是多少立方英尺还是多少立方英寸,似乎都是胡言乱语;然而,同样的思想则占有着确定的时间持续,譬如说,从某日的11点到12点。

---

① 　例如,参阅*Projective Geometry* by Veblen and Young, vol. i. 1910, vol. ii. 1917, Ginn and Company, Boston, U.S.A.

　　因此,尽管相对时间理论的关系需要同思想相联系,然而空间相对理论的关系则似乎并非如此明显地需要把它们联系起来。思想与空间的联系似乎有一定的间接性,而在思想与时间的联系中则没有这种间接性。

　　再者,时间的不可逆似乎与空间没有任何相似性。根据相对论,空间通常被说成是空间中客体之间的某些关系的结果;并且哪里有如此相关联的客体,哪里就会有空间。诸如令人烦恼的关于时间瞬间的难题似乎在这里不会出现,而当我们认为在处理时间的瞬间时,这类难题可能会再次出现。

　　绝对空间理论一般地说现在已不再流行了。关于单纯空间的知识,就我们所知,作为自在自为的存在系统,认为其独立于我们关于自然中诸事件的知识,似乎与我们经验中的任何东西都不相符。空间就像时间一样表现为是从事件中抽象出来的。根据我自己的理论,它自身只是区别于处在抽象过程中某个发展阶段的时间。表达空间关系理论的更为常见的方式是,把空间设想为从物质性客体之间的关系中做出的抽象。

　　现在设想我们假定有绝对时间和绝对空间。那么,是什么 36 原因造成这种假定把自然分割成因果自然与显见自然呢? 毫无疑问,这两种自然之间的分隔现在已大大地缓和了。我们可以为它们提供共同的两种关系体系;因为这两个自然都可以被推定为占有相同的空间和时间。现在的理论是:原因事件占绝对时间的某些时段,占绝对空间的某些位置。这些事件对心灵产生作用,心灵由此而感知到在绝对时间占某些时段和在绝对空间占某些位置的显见(apparent)事件;而且这些显见事件所占的时段和位置对原因事件所占的时段和位置具有决定性的关系。

此外,确定的原因事件为心灵提供了确定的显见事件。幻想是一种显见事件,它们出现在时间的时段和空间的位置之中,没有干预这些原因事件,而这些原因事件正好为心灵对它们的感知产生作用。

整个理论是完全合乎逻辑的。在这些讨论中,我们不能指望把一个不完善的理论推论到具有逻辑矛盾。一个理性的人,除非他属于纯粹的疏忽大意,只有当他害怕被归谬时,才会使自身陷入矛盾之中。拒绝一种哲学理论的实质性理由是,它会使我们陷于"谬误"。就自然科学哲学而言,"谬误"只能是因为我们的知觉知识没有由该理论所赋予它的特征。如果我们的对手肯定他的认识具有这种特征,那我们就只能——在双倍确保我们彼此理解之后——同意所见不同了。因此,说明者在陈述他所不相信的理论时,其首要的职责就是要把它展示为合乎逻辑的。他的真正麻烦并不在这里。

且让我总结一下前面所陈述的对这种自然理论的反对意见。首先,它寻求的是对所认识事物的知识是什么原因造成的,而不是在寻求所认识事物的特征;其次,它所假定的知识是关于时间本身的知识,这种时间脱离了处于时间之中的相关事件;第三,它所假定的知识是关于空间本身的知识,这种空间脱离了处于空间中的相关事件。除了这些反对意见之外,该理论中还有一些其他缺陷。

在这种理论中,作为原因的自然或因果自然的人为地位会激发人们的某种疑问:为什么因果自然被预设为占有时间和空间？至于因果自然与显见自然应当有什么共性，这确实提出了一个根本性的问题。根据这个理论，为什么影响心灵进行知觉的因果自然应当与表现出来的显见自然有什么共性？尤其是，为什么它应当处在空间之中？为什么它应当处在时间里？更为一般地说，心灵可以让我们推断出原因的具体特征，而这一原因竟会影响心灵产生具体的效果，那我们对心灵又知道些什么呢？

时间对自然的超越给予我们某些理由，使我们可以假设因果自然应当占有时间。因为如果心灵占据了一些时段，那就似乎有某种模糊的理由可以假定，那些产生作用的原因占有一些时段，或者至少占有了与精神时段密切相关的那些时段。但是，如果心灵不占有空间的容积，那么因果自然为何应当占有任何空间容积就似乎没有任何理由了。因此，空间似乎只是显现出来的，就像自然只是显现出来的一样。因此，如果科学确实是在研究在心灵中起作用的那些原因，那么假设正在寻求的这些原因具有空间关系似乎就完全走在了错误的道路上。进一步说，在我们的认识中，没有任何其他东西类似于这些可使心灵进行感知的原因。因此，除了假定它们占有时间这种草率的预设性事实以外，确实没有任何根据可使我们确定它们的任何一点特征。它们必然永远是未知的。

现在我假定科学不是虚构的童话，这是一条公理。科学不是在装饰不可知的存在，并认为它有任意的和奇妙的属性。假定我们承认科学是在影响重要的事情，那么，科学是在做什么呢？我的回答是，它要确定所认识事物的特征，即显见自然的特征。但是，我们可以放弃"显见"这个术语，因为只有一个自然，那就是在知觉知识中摆在我们面前的自然。科学在自然中所要辨别的特征是一些微妙的特征，而不是一望而知的明显特征。它们是关系的关系和特征的特征。但是，就它们所有的微妙性而言，都已经被打上了某种简单性的印记，这使得对它们的思考在本质成为弄清知觉上更为执着的那些特征之间的复杂关系。

当我们在关于我们知觉原因的讨论中意识到我们的思想时，我们的思想被摆在我们面前，将自然界二分为因果自然与显见自然这个事实并没有表达清楚其意思到底是什么。例如，火在燃烧，我们看到了烧红的煤。这在科学上解释为来自煤的辐射能进入了我们的眼睛。但是，在寻找这种说明时，我们不是在追问发生了何种事情，它适合于引起心灵能看到红色。这种因果关系链是完全不同的。这里的心灵被完全取代了。这里的真正问题是，在发现自然中的红色时，在那里还发现了其他什么东西？也就是说，我们寻求在自然中发现红色的同时，对自然中与红色相伴随的东西进行分析。在随后的讲座中，我将扩展这条思路。在这里我只是想引起大家的注意，以便指出我还没有采用光波理论（wave-theory of light），因为光波才是让心灵感知颜色的那种事物。这不是引证光波理论的证明部分，而是关于知觉的因果理论，它是唯一的真正相关部分。换句话说，科学不是要讨论知识的原因，而是要讨论知识的融贯性。科学所要寻求的理解是对自然中的关系的理解。

到目前为止，我已经讨论了与绝对时间和绝对空间理论相关的自然二分法。我的理由一直是，引入这些关系理论只是削弱了这种自然二分的情形，而我则希望对这种情形的讨论要建立在最强有力的根据之上。

譬如，假设我们采用空间的关系理论。那么，显见自然被置于其间的空间便是对显见对象之间的某些关系的表达。这是一组显见关系者之间的显见关系。显见自然是个梦境，而空间的显见关系则是梦境关系，这种空间则是梦境空间。与此相类似，因果自然置于其间的空间则是因果客体之间的某些关系的表达。它是关于在幕后进行的因果活动的某些事实的表达。因此，因果空间属于与显见空间不同的实在层次。因此，在它们两者之间没有任何一点一点的逐点联系，并且如果说草的分子在某个地方，这个地方与我们看到的草所占有的地方有确定的空间关系，那是没有意义的。这一结论是非常矛盾的，它使所有的科学术语都成为无稽之谈。而如果我们承认时间的相对性，那情况就更糟了。因为同样的论证在这里也适用，并且可以把时间分解成梦想时间和因果时间，它们属于不同的实在层次。

然而，我一直在讨论的是这种二分论的极端形式。在我看来，这种形式是最有辩护力的形式。但是，它所具有的确定性使其更明显地被那些批评所讨厌。其中间形式则允许我们正在讨论的自然一直是我们所直接认识的自然，而且至此它也拒绝这种自然二分论。但是它坚持认为，如此认识的自然界存在着心理附加成分，而这种附加成分并不是任何恰当意义上的自然界的一部分。例如，我们知觉到红色台球是在其恰当的时间、恰当的位置知觉到的，并且知觉到它有其恰当的运动、恰当的硬度和恰当的惯性。但是，台球的红色和暖色调，以及击打时所发出的声音，这些都是心理上的附加成分，亦即其第二性质，它们只

是心灵知觉自然的方式。这种理论不仅是含糊的流行理论，而 40
且我相信，这是迄今从哲学中产生的自然二分理论的历史形式。
我将称这种理论为心理附加论。

这种心理附加论是一种完善的常识理论，它非常强调时间、
空间、硬度和惯性的明显的实在性，但是不相信那些次要的人工
附加的色彩、暖色调和声音。

这一理论是倒退的常识的产物。它产生于科学的传递理
论正在被阐述的那个年代。例如，颜色是从物质对象传递到感
知者眼睛的结果；因此，传播的并不是颜色。进而，颜色不是
物质对象的实在性的一部分。与此相类似，出于同样的原因，
声音是从自然中发出来的。此外，暖色调是由于某物的传递，
这不是真正的温度。因此，留给我们的是时空位置，而且我可
以称之为物体的"推力"。这使我们陷于18世纪和19世纪的
唯物论，即相信自然界中真正的东西是在时间和空间中具有惯
性的物质。

显然，属性上的区别已经被预设为由于触觉的作用，某些知
觉是与其他知觉相分离的。这些触觉感知是对真实的惯性的感
知，而其他感知则是必须根据因果理论加以解释的心理附加。
这一区分是物理学已经领先于医学病理学和生理学的时代的产
物。对推力的感知完全就像对色彩的感知一样是传播的结果。
当感知到颜色时，身体中的神经就会以一种方式兴奋起来，并将
它们的信息传递给大脑，当感知到推力时，身体的其他神经以另
一种方式兴奋起来，并将它们的信息传递给大脑。这一组信息
并不是颜色的传递，而另一组信息则不是推力的传递。但是，在

一种情况下,颜色被感知到,而在另一种情况下,推力则由那个
41 客体造成的。如果你切断某些神经,就会终止对颜色的感知;而
如果你切断其他神经,就会终止对推力的感知。所以,任何可以
从自然界的实在性中消除颜色的理由,看起来也应当能够消
除惯性。

因此,试图将显见自然一分为二,其中一部分既是其本身的
表象的原因,也是作为纯粹表象的另一部分的原因,由于未能
在如此分割自然的两个部分的认知方式之间建立任何根本的区
分,因而是失败的。我并不否认肌肉用力的感受在历史上导致
了力的概念的形成。但是,这一历史事实并不能保证我们在自
然界中赋予物质的惯性对颜色或声音具有优先地位。就实在性
而言,我们所有的感官-知觉都是平等的,必须以同等原则来处
理。这种均等处理正是这种折中理论所未能实现的。

然而,这种二分论却很难消亡。其原因在于这里确实有一
个我们要面对的难题,这与同一个存在系统中火的红色与分子
的躁动相关。在另一个演讲中,对于这一难题的缘起及其解决
方案,我将给出我自己的解释。

另一个流行的解决方案,即这种二分论所假定的最弱形式,
坚持认为这些分子与科学上的以太纯粹是概念性的。因此,只
有一个自然,即显见自然,而原子和以太不过是概念性的演算方
程中的逻辑术语而已。

但是,何谓演算方程呢?这是一种预设性的陈述,即某
物或他物因其是自然发生的因而是真的。举一个所有演算中
最简单的例子,二加二等于四。这是——就其应用于自然而

言——在断言,如果你取两个自然存在,然后再取另外两个自 42
然存在,把它们结合为一个类就是四个自然存在。这种对于任
何存在都为真的演算并不能导致原子概念的产生。然后,也有
演算断言自然存在具有如此这般的特殊属性,例如,说自然存
在具有氢原子的属性。现在,假如没有这样的存在,那我就无
法看到关于它们的任何陈述如何应用于自然界。例如,关于月
球上有绿色奶酪的断言就不能成为任何科学意义上的演绎前
提,除非月球上有绿色奶酪真的已经通过实验得到证实。目前
对这些反对意见的回答是,虽然原子只是概念性的,但它们能
以有趣的和生动的方式说出自然的其他某些真实情况。但如
果这就是你所说其他事物的意思,那看在上帝的份上你就这
样说吧。放弃这种关于概念性自然的阐述机制吧,因为它为了
传达关于确实存在的事物的真相,包含着对不存在的事物的断
言。我所坚持的是这样一种明显的立场,那就是科学规律如果
为真,它们就是关于我们在自然界中对其存在获得了认识的那
些存在的陈述;而且,如果这些陈述所指谓的存在在自然界中
找不到,那么关于它们的陈述就与任何纯粹的自然发生毫无关
联。因此,科学理论中的分子和电子,只要科学正确地阐述了
它的规律,它们之中的每一个因素都可以在自然中发现。电子
只是在我们还不太十分确定电子理论是否正确时才是假设性
的。但是,它们的假设特性并不是从这种电子理论本身在其真
理性被承认之后的基本性质中产生的。

因此,在此稍微复杂的讨论结束时,我们再回到开始时已
得到确认的立场。自然科学哲学的首要任务是要阐明自然的概

念——这被认为是知识所面临的一个复杂事实——,要阐明所有的自然规律都必须以之为根据的基本存在以及这些存在之间的基本关系,并要确保如此揭示的这些存在和关系足以表达出现在自然界中的这些存在之间的全部关系。

第三个要求是充分性,所有的难题都发生在这个问题上。通常都假定,科学的最终材料是时间、空间、物质、物质的属性以及物质性客体之间的关系。但是,在科学规律中所出现的材料,与所有的那些在我们对自然的感知中呈现其自身的存在并无关系。例如,光波理论是公认的优秀理论;但是遗憾的是,它忽略了对颜色的感知问题。因此,所感知到的红色——或者说其他颜色——就不得不从自然界中分割出来,并在自然界中的现实事件触动下,转化为心灵的回应。换言之,关于自然界中的这种基本关系的概念是不充分的。因此,我们必须把我们的精力集中在提出充分的概念上。

但是,在这样做时,我们实际上不是在努力地解决一个形而上学问题吗?我并不这么认为。我们只是在努力地揭示我们实际上在自然界中所感知到的那些存在之间的关系。我们并不是要求就主体与客体之间的心理关系,或者就它们在实在领域中的地位做出任何声明。的确,我们努力解决的问题或许可以提供作为讨论该问题的相关证据的材料。它几乎难以做到这一点。但是,它只是证据而已,其本身并不是形而上学的讨论。为了弄清这种超出我们的范围的深入讨论的特性,我想给你们诸位援引两处引文。一处来自谢林(Schelling),是我摘自俄罗斯哲学家洛斯基(Lossky)著作中的引文,洛斯基的著作最近被很好地翻译成英文了。[①]"在《自然哲学》中,我将考察主体-客体问题,把自然界的活动称为自我建构。为了理解它,我们必须提高对自然界的理智上的直觉。经验主义者不会有这种提高,而且由于这个原因,在他所有的解释中,总是在证明是他自己在构造自然。那么,难怪他的构造与他要构造的很少有一致性。自然哲学把自然界提升到独立地位,并让它自己建构自己,所以他从来不觉得有必要把作为建构的(即,作为经验的)自然与真实的自然对立起来,或者根据其中一个来纠正另一个。"

另一篇引文来自圣保罗学院院长1919年5月在亚里士多德学会宣读的一篇论文。英格(Inge)博士的论文题目为"柏拉图主义和人类的不朽",其中有以下陈述:"总而言之。柏拉图的不朽学说依赖于精神世界的独立性。精神世界不是一个理想尚未实现的世界,也不是由非精神的事实所构成的实在世界。相反,它是一个实在世界,我们对这个世界有真实的认识,虽然这些认识非常的不完整;它不是一个共同经验世界,作为一个完整的整体,它不是实在的,因为它是借助于抽象的帮助而从庞杂的、处于不同层面的材料中抽象出来的。并不存在任何一个世界与我们的共同经验世界相对应。自然界为我们做了抽象,决定了我们能看到和听到何种范围的振动,能注意到和记住哪些事物。"

我之所以引用这些陈述,是因为它们所处理的主题虽然已

[①] *The Intuitive Basis of Knowledge*, by N. O. Lossky, transl. by Mrs Duddington, Macmillan and Co., 1919.

超出了我们的讨论范围,却总是与我们的讨论相混淆。其原因在于它们接近于我们的思想领域,并且是形而上学地进行思考的心灵中迫切感兴趣的主题。一个哲学家很难明白,任何人真的会把他的讨论限定在我给你们所设定的范围之内。这个边界通常设定在他开始感到兴奋的地方。但是,我给大家呈现的是,在哲学和自然科学所必需的绪论中,是要透彻地理解各种类型

45　的存在和这些存在之间的各种各样的关系,它们是在我们对自然的感知中向我们展示出来的。

第三章　时间

这门课程的前两次讲座主要是批判性的。在本次讲座中，我打算着手审视感官–觉察中为认识所设定的各种存在。我的目的是要研究这些不同类型的存在之间所具有的关系的种类。对自然存在进行分类乃是自然哲学的开端。今天我们从考察时间开始。

首先，有一个为我们所设定的一般事实：亦即某事正在进行；有一种显相需要界定。

这个一般事实立即为我们的领悟产生了两个因素，我将它们命名为"被识别者"（discerned）和"可识别者"（discernible）。被识别者是由那些一般事实因素所构成的，这些因素因其自身的个体性特征而得到区分。这是直接感知的场所。但是，这一场所中的存在与其他存在有关系，而其他存在并不以这种个体性方式而得到特别的区分。这些其他存在仅仅被认为是与被识别者的场所里的存在相关的关系者。这样一个存在只是一个"某物"，它与在被识别场所里的某些确定的存在有如此这般确定的关系。作为如此相关的存在，由于这些关系的具体特性，它们被认为是正在进行的一般事实因素。但是，我们并没有觉察到它们，除了作为存在以外，它们只是在履行这些关系中的关系者的作用而已。

因此，被设定为正在显现的完整的一般事实包括两组存在，也就是，以它们自己的具体性而被感知的存在，和只是被领悟为关系者而没有得到进一步确定的其他存在。这个完整的一般事实是可识别者，它包括被识别者。可识别者是在感官-觉察中所呈现的整个自然，并广延到超越和包括实际上被区分或者在那感官-觉察中被识别的整个自然。对自然的识别或区分是针对自然中的特殊因素关于其独特特性的独特觉察。但是，在自然界中我们有这种独特的感官-觉察因素，并非可以被认为是由所有的因素组成的，这些因素共同构成了在这种一般事实中相关联而存在的供识别的整体。知识的这种独特性就是我所说的不可穷尽的特性。这种特性可以用一种比喻的说法来描述，即被感知的自然总是有模糊的边缘。例如，有一个世界在我们所知道的房间之外，但是我们的视线被限制在房间内，而这就是我们所知道的整个房间内所识别的存在之间的空间关系。房间的内部世界与外部世界的交界处从来就不是非此即彼的。呈现在感官-觉察中的声音和更微妙的因素可以从外面飘进来。每一种感觉都有自己的一套所区分的存在，这些存在与不受这种感觉所区分的存在在关系上被认为是关系者。例如，我们可以看到一些我们触摸不到的东西，我们可以触摸一些我们看不到的东西，而我们对在视觉中呈现的存在与在触觉中呈现的存在之间的空间关系有一种普遍的感觉。因此，首先，在整体的空间关系系统中，对于这两个存在，每一个都可被称为关系者。其次，在整体系统中彼此相关的这两个存在之间,其特定的相互关系被确定了。但是,通过视觉区分的存在与通过视觉而被区分的相关空间关系的总体系统,并不依赖于通过别的感觉而传达的另一个存在的独特性质。例如,所见事物的空间关系,必然使一个存在作为关系者,代替那个被触觉到的事物,即使其特性中的某些元素并没有通过触觉而呈现。因此,除了触觉之外,那个与所见事物具有特定关系的存在会通过感官-觉察而呈现出来,但是其个别特征相反并没有被区分。一种仅仅被认为在空间上与被识别的存在有关的存在,就是我们通过"场所"这个单纯观念所指的意思。场所概念表明自然存在在感觉意识上的呈现,仅仅是通过它们与被识别的存在的空间关系来知道的。这是通过它与被识别者的关系来对可识别者的呈现。

这种把存在呈现为关系者而尚未对其性质进一步做具体区分乃是我们的意义概念的基础。在上面的例子中,所见物是有意义的,因为它呈现了它与其他存在的空间关系,而这些其他存在并非必然地进入意识之中。因此,意义是关系性,然而这个关系性强调的只是这种关系的一端。

为简洁起见,我将论证仅限定于空间关系方面;但是,同样的考虑也适用于时间关系。"时间周期"的概念标志着自然中的存在在感官-觉察中的呈现,这些存在仅仅是通过它们与被识别的存在的时间关系而被认识的。此外,这种空间和时间观念的分离,仅仅是为了符合当前语言来获得其简单的说明。我们所识别的是一个场所在一段时间内的具体特征。这就是我所说的"事件"。我们可以识别事件的某些具体特征。但是在识别事件时，我们也可觉察到它作为事件结构中的关系者的意义。这种事件结构是事件的复合体，是由广延和同步这两种关系联系在一起的。对这种结构之属性最简单的表达是在我们的空间和时间关系中发现的。一个被识别的事件在这个结构中被认为与其他事件相关，其特定的特征在该直接觉察中并没有呈现，除非它们是结构中的关系者。

49

　　通过感官-觉察对事件结构的揭示，可将事件分为两类，一类是那些有更多个别特征方面被识别出来的事件，一类是那些除了作为结构的元素之外没有被呈现的事件。这些有意义的事件必定会包括遥远的过去事件以及未来事件。我们可觉察到这些是无限时间的遥远时期。但是，还有另一种事件分类，这也是感官-觉察中所固有的。这些事件具有直接性，即可以直接提供被识别事件的直接性。这些事件的特征和那些被识别的事件共同构成了整个可识别的自然。它们形成了完整的一般事实，这就是现在通过感官-觉察所揭示的整个自然。正是在对事件的第二次分类中，空间与时间的差异才得以产生。空间的起源是在这种直接的一般事实之内的事件的相互关系中被发现的，而这种一般事实就是当前可识别的整个自然，也就是说，它是在作为当下自然之整体的事件中被发现的。其他事件与这种自然的整体性关系则形成了时间的结构。

　　这种一般的当下事实之统一性是通过同时性概念来表达的。一般事实是整个自然的同时性的发生，它现在可以被感官-觉察感知到。这个一般事实就是我所说的可识别者。但是在未来，我将称之为"持续"或"持续性"。因此，它意味着自然的某种整体性,只受作为同时性的属性之限定。此外,为了服从自然中构成整个感官-觉察之界限的原则,同时性不应被视为强加给自然的一个无关紧要的心理概念。我们的感官-觉察为直接识别设定了某个整体,在这里它被称为"持续性";因此,持续性是一个明确的自然存在。一种持续性可被区分为由部分事件组成的复合体,因此,作为这个复合体的组成部分的自然存在可被称为"与这个持续性是同时性的"。此外在派生的意义上,它们在这种持续性上彼此是同时性的。因此,同时性是一种明确的自然关系。用"持续性"这个词或许是不幸的,因为它所暗示的只是一段抽象的时间广延性。这并非是我的本意。持续性是一部分受同时性限定的具体的自然,它乃是感官-觉察中所呈现的基本成分。

　　自然是一个过程。这种特性就像感官-觉察中直接展示出来的所有东西一样,我们不可能对自然的这种特性有任何说明。我们所能做的一切就是使用可以思辨地阐明它的语言来描述它们,并且同时表达自然中的这一因素与其他因素的关系。

　　每一个持续性都在发生和流逝着,此乃是自然过程的展示。自然的这一过程也可被称为自然的流逝。在这个阶段,我确定地不使用"时间"一词,因为科学和文明生活中可测量的时间,通常只是展示了更为基本的自然流逝事实的某些方面。我相信在这种学说方面,我与柏格森的观点是完全一致的,尽管他用"时间"来表达这一基本事实,而我则称之为"自然的流逝"。此外,自然的流逝同样也展现在空间的转换和时间的转换之中。正是由于这种自然的流逝,自然才总是永不停息地向前进展。这关涉到"进展"这一属性的含义,它不仅是指任何感官-觉察

50

行为只是那个行为而不是其他行为,而且每个行为的界限也是唯一的,并不是其他行为的界限。感官－觉察抓住了其本身唯一的机会,并且为认识呈现了某些只为其本身的东西。

有两种感觉中的感官－觉察的界限是独一无二的。一种是对个别心灵的感官－觉察来说是独一无二的,另一种是对在自然条件下运行的所有的心灵意识来说是独一无二的。这两种情况有一个重要区别。(1)因为心灵不仅是在任何感官－觉察行为中所表现的一般事实中的被识别成分,它不同于在心灵的任何感官－觉察行为中所表现出来的一般事实中的被识别成分,而且分别与两个被识别成分同时相关的这两个相应的持续性必然是不同的。这是自然流逝在时间上的展现;也就是说,一个持续性已经流逝到另一个持续性当中。因此,自然的流逝不仅是自然就其作为感官－觉察之界限这个角色上的基本特征,而且它对于感官－觉察本身来说也是必不可少的。正是这一真相使得时间似乎超越了自然。但是,超越自然的并不是连续的和可测量的时间,这种超越不过是表现了自然中的流逝特征而已,然而这种流逝本身的性质则是无法测量的,除非它能在自然中获得。也就是说,"流逝"是不可测量的,除非它发生在自然界中与广延的联结上。在流逝中,我们实现了自然界与终极的形而上学实在性的联结。持续性中的流逝性质乃是一种可广延到自然之外的性质在自然界之中的具体展示。例如,流逝不仅是自然的性质,这是我们已知的,而且也是感官－觉察的性质,这就是认识的过程。持续性具有自然界所拥有的全部实在性,尽管我们现在可能不需要确定它是什么。时间的可测量性是从持续性的属性中所派生的。时间的连续性也是如此。我们将会发现,在自然界中存在着来自不同持续性族的相互竞争的连续时间系统。这些都是自然界中所存在的流逝特征的独特性。这种特征具有自然的实在性,但是我们不一定非得要将自然的时间转移到自然以外的存在之上。(2)对于两个心灵来说,在其各自的感官-觉察行为中所表现出来的一般事实的被识别成分必然是不同的。对于每一个心灵来说,它对自然的觉察,就是在它们与作为焦点的生命体的关系中,觉察到相关自然存在的某种复合体。但是相关的持续性可能是相同的。在这里,我们正在讨论的是流逝的自然的特征,它产生于同时性物体的空间关系之中。这种持续性的可能的同一性,在不同心灵的感官-觉察情况下,就可使有知觉力的存在的个体经验结合为自然。我们在这里考察的是自然之流逝的空间方面。它在这方面的流逝似乎也超越了自然,广延到心灵之中去了。

52

在这里,区分同时性和瞬时性是至关重要的。我不是要强调这两个术语目前的用法。我想区分的是两个概念,一个概念我称之为同时性,另一个概念称之为瞬时性。我希望对这两个词要明智而审慎地加以选择;但是只要我能成功地解释它们的意思,那也就的确无关紧要了。同时性是一组自然元素的属性,它们在某种意义上是持续性的组成部分。持续性可以是整个自然,呈现为由感官-觉察所设定的直接事实。持续性在其自身之内就保持着自然的流逝。在它之中也有先行的持续和后续的持续,这可能是由更快的意识所呈现的完全虚幻的东西。换句话说,持续性保持着时间的厚度。任何作为直接被认识的关于整个自然的概念总是关于某种持续性的概念,尽管它可能在其时间厚度上被扩大,并超出了我们所认识的任何存在于自然之中的虚幻呈现。因此,同时性是自然界中的终极因素,对感官-觉察而言它是直接的。

瞬时性则是思想中关于过程的一个复杂的逻辑概念,由其所构造的逻辑存在是为了在思想中简单地表达自然属性而产生的。瞬时性概念表达的是处在瞬间的全部自然,这里的瞬间被认为剥去了所有的时间上的广延。例如,我们把物质设想为一瞬间在空间中的分布。这个概念在科学中特别是在应用数学中是非常有用的;但是,就其与感官-觉察的直接事实相联系而言,这个观念则是个非常复杂的观念。世界上根本不存在由感官-觉察所设定的处在瞬间上的自然这样的事物。由感官-觉察传递给认识的是经过一个时段的自然。因此,处在瞬间的自然,由于其本身并不是自然的存在,那就必须根据真正的自然存在来界定。除非我们这样做,否则,我们使用瞬间自然概念的科学就必须放弃所有基于观察的主张。

我将用"时刻"(moment)这个词来表示"处在瞬间的全部自然"。就其在这里所使用的术语的意义上,时刻没有时间的广延,并且在这个方面可与具有这种广延性的持续性进行对比。通过感官-觉察直接给我们的认识所产生的是持续性。因此,我们现在必须解释这些时刻是如何从这些持续性之中得出的,并解释引入它们所要达到的目的。

一个时刻就是一个极限,当我们将注意力限制在最小广延的持续性上时,我们就接近了这个极限。当我们考虑增加时间广延的持续性时,持续性的各个成分之间的自然关系就变得复杂了。因此,随着我们越来越接近于理想的广延性减少时,有一种进路可达到这种理想的简单性。

"极限"一词在数字逻辑上,甚至在非数字的一维序列逻辑上都有精确的意义。正如在这里所使用的那样,迄今它只是个隐喻,因而有必要直接地说明它所要表明的概念。

持续性可以有从一个阶段广延到另一个阶段的这种双项关系属性。因此,一种持续性作为在某一分钟内的全部自然,能广延到作为这一分钟的第30秒内的全部自然的持续性之中。这种"广延到……之中的"关系——我称之为"广延"关系——是一种基本的自然关系,这种关系领域中包含着多个持续性。这种关系是两个有限事件可以相互拥有的关系。此外,作为持续性之间所具有这种关系似乎是指纯粹的时间上的广延。然而,我将坚持认为,同样的广延关系存在于时间和空间广延的基础之上。这一讨论可以稍后再进行;目前,我们只是关心这种发生在其有限持续领域的时间方面的广延关系。

广延概念在思想上表现为自然的终极流逝这一方面。这种关系之所以成立,乃是因为流逝在自然中假定了具有这种特殊性质;正是这种关系在持续性的情形中表达着"流逝"的属性。因此,作为确定的一分钟的持续性流过了它的第30秒钟的持续性。这个第30秒钟的持续性则成为这一分钟的持续性的一部分。我将在这个意义上专门使用"整体"和"部分"这两个术语,即"部分"是一个事件,它被另一个作为"整体"的事件所广延。因此,根据我的命名,"整体"和"部分"专门是指广延性的这种基本关系；并且因此在这一专门用法中，只有事件既可以是整体，也可以是部分。

自然的连续性源于广延性。每个事件都会广延到其他事件之中，而每个事件都会被其他事件所广延。因此，就持续性是现在唯一直接被思考的事件这种特殊情形而言，每个持续性都是其他持续性的一部分；且每个持续性里都有其他持续性成为其一部分。与此相应，不存在最大的持续性和最小的持续性。因此，不存在原子性的持续性结构，并且关于持续性的完美定义是个随意的思想设定，我们不可能以这种定义来标记持续性的个体性，并把它与自己高度相似的正在流逝的或正在其中流逝的持续性进行区分。感官－觉察把持续性设定为自然中的因素，但是并不能清晰地使思想利用它来区分略有不同的持续性联合群体中各种存在的独立个体性。这是感官－觉察的不确定性的一个例子。精确性是一种理想的思想，只有通过选择一条近似路径才能在经验中实现。

55　　不存在最大和最小的持续性并不能穷尽构成其连续性的自然属性。自然的流逝涉及一大群持续性的存在。当两个持续性属于同一族时，它们或者一个持续性包含着另一个，或者它们在一个从属的持续性内相互重叠，并不是一个持续性包含另一个；或者它们是完全分开的。要排除的情形是在有限事件中重叠但不包含第三个持续性作为公共部分的那种持续性。

显然，广延关系是传递性的；也就是说，正如适用于持续性的一样，如果持续性A是持续性B的一部分，且持续性B是持续性C的一部分，则A是C的一部分。因此，前两种情形可以合并为一种情形,并且我们可以说,属于同一族的两种持续性要么是作为两者之一部分的持续性,要么是完全分开的持续性。

此外,这一命题的逆命题也是成立的;也就是说,如果两个持续性中有作为两者之一部分的其他持续性,或者如果这两个持续性是完全分开的,那么它们就属于这同一个族。

就持续性而言,自然的连续性进一步说还有哪些特征,这还没有加以阐明,它们是由于与持续性族有联系而产生的。我们可以这种方式来阐述:有些持续性包含着同一族中任何两个持续性作为其一部分。例如,一个星期包含着其中任意两天作为自己的一部分。显然,一个有包含的持续性可满足属于两个被包含持续性的同一族的条件。

我们现在准备着手进一步界定一刻时间。思考一组来自同一族的持续性。如果它有以下属性:(1)集合的任何两个成员中,一个成员包含另一个作为其一部分,且(2)没有持续性是该集合的每个成员的公共部分。

现在,整体和部分的关系是不对称的;我这样说的意思是指,如果A是B的一部分,那么B并不是A的一部分。而且我们已经注意到,这种关系是传递性的。因此,我们可以很容易地看到,任何具有刚才所列举的属性之集合的持续性必定会以一维序列排列,当我们按递减方式排列序列时,我们就会逐渐地达到时间上的广延越来越小的持续性。该序列可从任意假定的任何一个时间广延的持续性开始,但是在降序级数中,时间的广延会逐渐地缩小,连续的持续性则被包含在另一个内部,就像中国玩具盒里的套盒一样。但是,集合与这个玩具所不同的是在这一点上:

玩具有一个最小的盒子，构成其序列中最后表示结束的盒子；但是持续性的集合则不可能有最小的持续性，也不可能收敛到一个持续性作为其极限。无论是持续性的终点还是极限的这些部分，它们都是所有持续性之集合的一部分，因此这就违反了该集合的第二个条件。

我将把这样一组持续性集合称为"抽象集"。显然，我们沿着这个抽象集前进就会收敛到全部自然的没有时间广延性的理想状态，亦即收敛到全部自然处在瞬间的理想状态之上。但是，这个理想实际上是个理想的非存在，或者是关于非存在的理想。这个抽象集实际上所做的是在我们逐渐地减小所考察的这种持续性的时间广延性时，引导思想来思考自然关系的渐进的简单性。现在，这个过程的全部要点是，对这些自然属性的数量表达通过这种抽象集确实收敛到了极限，但是并没有收敛到任何极限的持续性。与这些数量极限有关的规律是"处在瞬间"的自然规律，尽管事实上并不存在处在瞬间的自然，而只有这种抽象集。因此，抽象集在实际上所指的存在是我们在考虑没有时间广延的瞬间时所指的存在。它推动了全部必要的目的，这就是为瞬间自然的属性概念给出了明确的意义。我完全同意这一概念在物理科学的表达中是最根本的。其困难在于如何根据感官-觉察的直接传递来表达我们的意义，而我提出上述说明就是想作为对这个难题的一种完整的解决方案。

在这个说明中，时刻就是经由一条近似路径而达到的自然属性的集合。抽象序列是近似路径。对自然属性的相同限制集合有不同的近似路径。换句话说，有不同的抽象集可被认为是相同时刻的近似路径。因此,在解释这种具有相同收敛性的抽象集的关系和防范可能的特殊情况方面,有一定数量的技术细节是必要的。这些细节不适合在这些讲座中进行阐述,我已经在其他地方对它们进行了充分的处理。①

从技术目的上来说,更为方便的是,可将时刻看作是具有相同收敛性的所有持续抽象集合的类。根据这个定义(前提是,除了对由近似性所得出的一组自然属性集的详细知识之外,我们还能成功地解释我们所说的"相同收敛"的含义),时刻只是一类持续性集合,其广延关系相对于彼此具有某些确定的特性。我们可以将这些作为组成成分的持续性之间的联系称为时刻的"外在"属性;时刻的"内在"属性则是我们沿着其任何一个抽象集合前行达到极限时的自然属性。这些属性就是大自然"在那一刻"或者"在那一瞬间"的属性。

能进入一个时刻之构成的持续性都属于一族。因此,有一族时刻相应地就会有一族持续性。此外,如果我们将两个时刻当作同一个族,那么在进入一个时刻之构成中的持续性中,那些较小的持续性就会完全地同进入另一时刻之构成中的那些较小的持续性相分离。因此,这两个时刻在其内在属性中一定会表现为完全不同的自然状态极限。在这个意义上,这两个时刻是完全分离的。我将把这同一族的两个时刻称为"平行的"时刻。

与每个持续性相对应,这种相关的时刻族有两个时刻,它们是该持续性的边界时刻。持续性的"边界时刻"可以这样来定

58

---

① 参阅《自然知识原理研究》。

义。相同族中有一些持续性作为给定的持续性与之相重叠,但是却并不包含在其中。考虑一下这类持续性的抽象集。这一类集合定义了仿佛在其中没有持续性一样的时刻。这类时刻是该持续性的边界时刻。此外,我们要求我们对自然流逝的感官-觉察告诉我们有两个这样的边界时刻,也就是一个边界时刻在前,另一个边界时刻则在后面。我们将称它们为初始边界和最终边界。

也有一些相同族的时刻是这样的,即在它们的构成中,那些较短的持续性完全与给定的持续性是分离的。这一类时刻可以说位于给定的持续性"外面"。同样,该族的其他时刻则是这样的,即在它们的构成中那些较短的持续性是给定的持续性的一部分。这一类时刻可以说位于该给定的持续性"内部"或者"内在"于它之中。通过参照该相关持续族的任何给定的持续性,就可以这种方式来说明整个平行时刻族。也就是说,该族中有一些持续性在没有给定的持续性时却存在着,有两个时刻是该给定持续性的边界时刻,并且该持续性在没有该给定的持续性时却存在着。此外,这同一族中的任意两个时刻都是该相关持续族的某一持续性的边界时刻。

此时,我们有可能定义一个族中各个时刻之间的时序所具有的序列关系了。设A和C是一个族的任意两个时刻,这些时刻是这个相关族的一个持续性D的边界时刻,而位于持续性D之内的任何时刻B将被称为处于A和C之间的时刻。因此,与A、B和C有关的三个时刻相关的"位于其间"的三项关系就被完全界定了。此外,我们对自然流逝的知识向我们确保,这种关系将该族的时刻分布为一个系列秩序。我不再列举确保这一结果的那些明确的属性,对此,我已经在我最近出版的书①中列举了它们,前面我已经提到过这本书。此外,自然的流逝能使我们知道,一个方向是沿着对应于进入未来的流逝系列,而另一个方向则是沿着对应于朝向过去的衰退系列。

这样一种有序的时刻序列就是我们把时间定义为序列所要表达的意思。该系列的每个元素都展示出瞬时的自然状态。显然,这个序列时间乃是理智上的抽象过程所造成的结果。我所要做的是给出造成这种抽象的那个过程的精确定义。这个过程只是在我的书中我称之为"广延抽象法"的那种一般方法的特例而已。这个序列时间显然并非是自然本身的流逝。它所展示的是从中流出的某些自然属性。处在"一个时刻"上的自然状态显然已经失去了这种终极的流逝性质。此外,这些时刻的时间序列只是把它保持为存在的外在关系,而不是这个序列中各个项的本质存在的结果。

至此,对时间的测量问题我们还一直没有讨论。这种测量并不是按照时间的单纯的序列属性来进行的;它需要一种全等理论,这将会在后面的讲座中再行考察。

在评估把这个时间序列的定义当作对经验的系统阐述是否有充分性时,有必要区分感官-觉察的天然传递和我们理智上的理论。时间的流逝是个可测量的序列量。整个科学理论都依赖于这一假设,而任何时间理论若是不能提供这样一个可测量的序列,由于无法解释经验中这一最突出的事实,那就只能使自己

---

① 参阅《自然知识原理研究》。

处于自责的窘境之中。只有当我们追问要测量什么时,我们的难题才开始显露出来。显然,这是经验中如此根本的东西,以致我们几乎无法避开它,也不能把它分开以后还能按其本来面目去看待它。

我们首先必须在我们的头脑中确定,我们究竟是要在自然中去发现时间,还是要在时间中去发现自然。后一种选择——亦即使时间先于自然——的困难在于,时间因而就成为一个形而上学之谜。什么样的存在是时间的瞬间或时间的周期?时间与事件的分离向我们的直接检视表明,试图将时间设定为独立的认识目标,那就仿佛努力地要在阴影中发现实体一样。因为有事情发生才会有时间,而脱离了发生,就什么也没有。

然而,仍然有必要做出区分。在某种意义上,时间可以广延到自然之外。无时间的感官-觉察和无时间的思想相结合,去思考有时间的自然,这不可能是真的。感官-觉察和思想本身就是过程,也是它们在自然中所要达到的目标。换言之,既存在着感官-觉察的流逝,也存在着思想的流逝。因此,流逝的性质占主导作用就会广延到自然之外。但是此时这种区分会产生在根本性的流逝与代表某些自然属性的逻辑抽象的时间序列之间。时间序列,正如我们所定义的那样,所表征的只是持续族的某些属性——这些属性实际上只是因为这些持续性参与了流逝的特性才拥有的,但是在另一方面,这些属性是只有持续性才拥有的属性。因此,时间在可测量的时间序列意义上只是自然的特性,它61 并不会广延到思想过程和感官-觉察的过程之中,除了这些过程与其程序中所包含的时间序列具有关联性以外。

到目前为止,自然的流逝一直被认为是与持续性的流逝相联系的;并且在这种联系中,它特别地与时间序列有关。然而,我们必须记住,流逝的特性与事件的广延性有特殊的联系,并且从这种广延性中,空间上的传递完全像时间上的传递一样产生了。关于这一点的讨论我们暂且保留在以后的讲座中,但是现在有必要记住,我们正在准备进一步讨论超越自然的流逝概念的应用,否则,我们对流逝的本质问题将会有过于狭隘的观念。

这里我们有必要详细讨论一下这一联系中的感官-觉察,这个主题可作为时间关涉心灵的方式的一个例证,虽然可测量的时间只是对自然的抽象,而且自然对心灵是封闭的。

请考察一下感官-觉察——不是考察它的目标即自然,而是考察作为心灵过程的感官-觉察本身。感官-觉察是心灵与自然的某种关系。因此,我们此时正在把心灵设想为感官-觉察中的关系者。对心灵而言,既有直接的感官-觉察,同时也有记忆。记忆和这种直接当下之间的区别有双重影响。一方面,它表明心灵并非不偏不倚地觉察到由于觉察而与之有关的所有这些自然的持续性。它的觉察与自然的流逝是相同的。我们可以想象一个人的觉察可被认为是其私人独有的东西,这种觉察可以没有任何传递,尽管他的觉察目标是我们自己的转瞬即逝的自然。并没有根本的理由可以说明为什么记忆不会产生当下事实的生动性;并且因而从心灵方面看,也没有根本的理由可以说明当下与过去有什么区别。然而,根据这种假设,我们还可以设想,生动的记忆和当下的事实是在觉察中被设定为它们的时间序列顺序的。因此我们必须承认,虽然我们可以想象在感官-觉察中运行的心灵有可能没有任何流逝的特性，然而在事实上，我们的感官－觉察经验却展示着我们的心灵参与了这种特性。

另一方面，就单纯的记忆这一事实而言，它已经逃脱了短暂性。在记忆中过去就是当下。它并非表现为与自然的时间连续性相重叠，而是表现为心灵的直接事实。因此，记忆乃是心灵对自然的纯粹流逝的脱离；对自然而言已流逝的东西对心灵而言并没有流逝。

此外，记忆和直接当下的区分并不像传统上设想得那么清晰明白。有一种关于时间的理论认为，时间就像一把移动的刀子，刀锋揭示了当下的事实，却没有时间上的广延。这一理论产生于理想的精确观测概念。天文观测被连续地精细化，可以精确到十分之一秒、百分之一秒和千分之一秒。但是，最终的细化是通过平均系统来实现的，并且即使那时为我们所提供的一段时间也会有误差。在这里误差只是以传统术语来表达这样的事实，即经验的特征与思想的理想并不一致。我已经说明过时刻的概念如何能将观察事实与这个理想相协调；也就是说，在对持续性的属性进行定量分析时，存在着简单性的极限，这是通过思考包含在该时刻中任何一个抽象集来实现的。换句话说，作为持续性之集合的时刻，其外在特性与该时刻的内在特性是相关联的，这种内在特性是自然属性的有限表达。

因此，时刻的特性和它所包含的精确性理想，并不会以任何方式削弱如下设定：即觉察的最终目标是具有时间厚度的持续性。这种直接的持续性并没有给我们的领悟清楚地标示出来。它的早期边界由于在记忆中越来越弱而有所模糊，并且它的后期边界由于预期的发生而有所模糊。无论是记忆和直接当下之间，还是直接当下和预期之间，都没有截然不同的区分。当下是这两个极端之间的边界宽度不断伸缩。因此，我们自己的有其广延性当下的感官－觉察具有那种具有想象力的存在的某种感官－觉察特性，这种存在的心灵摆脱了流逝，他所思考的是作为直接事实的整个自然。我们自己的当下有其前因后果，对于这种有想象力的存在而言，整个自然都有作为其前因和后果的持续性。因此，我们和这种有想象力的存在之间在这方面的唯一区别是，对他来说，整个自然都享有我们直接当下的持续性。

这里讨论的结论是，就感官－觉察而言，心灵的流逝不同于自然的流逝，尽管心灵的流逝与自然的流逝密切相联。如果我们愿意的话，我们可以推测，心灵的流逝与自然的流逝二者之间的这种相联，源于它们二者共同拥有某种支配着所有存在的那种终极的流逝特性。但是，我们对这种思辨毫无兴趣。对我们来说，有充足理由的直接推论是——就感官－觉察而言——心灵在时间或空间中的意义与自然事件在时间上的意义并不相同，但是由于心灵的流逝与自然的流逝具有独特的关联，因而它们在时间和空间上都是派生的。因此，心灵在时间和空间上的意义是其自身特有的。对此要得出非常简单和明显的结论，那会是个冗长的讨论。我们全都感到在某种意义上我们的心灵就在这个房间里，并且就在此时此刻。但是，它的意义与我们的大脑这种实存有其自身的空间和时间位置这类自然事件的意义并不完全相同。需要记住的基本区别是，感官－觉察的直接性与自然

的瞬时性并不一样。这个最后的结论与接下来的讨论有关,接
64　下来的我将结束本讲座。这个问题可以这样来表述,不同的时
间序列有可能存在于自然之中吗?

在几年以前,这样的建议会被搁置一旁,无人理睬,因为这
是完全不可能的。它不会对当时流行的科学产生任何影响,并
且它类似于那些从未进入哲学梦想之中的任何观念。18世纪
和19世纪所接受的自然哲学是与中世纪哲学一样僵化和确定
的某一种类型的概念,并且它们是在很少得到批判性研究的前
提下被接受的。我将这种自然哲学称为"唯物主义"。不仅持
有科学唯物主义的人们是这样,而且所有哲学流派的追随者也
都是这样。唯心主义者只与哲学的唯物主义者在自然与心灵
的结盟或关系问题上有所不同。但是,没有任何人会怀疑自然
哲学就其本身来思考就是我所说的这种类型的唯物主义。正
是对这种哲学,我已经在本次演讲之前的两次演讲中考查过
了。我们可以把它概括为这样一种信念,即认为自然是物质的
聚合体,并且这种物质在某种意义上存在于没有广延的时间瞬
间的一维序列的每个连续成员中。并且处在每个瞬间的物质
存在的相互关系使这些存在构成了无界空间中的某种空间构
型。根据这个理论,空间似乎像瞬间一样具有瞬时性,并且需
要对连续瞬时空间之间的关系进行某种说明。然而,唯物主义
在这一关键问题上保持了沉默,连续的瞬时性空间也被缄默地
结合为持久的空间。这一理论纯粹是在理智上对经验的描述,
它有幸使其自身在科学思想的黎明时期获得了详细阐述。自
从科学在亚历山大大帝时期繁荣起来以来,它一直在主导着语

言和科学的想象力,其结果是我们似乎不去假定它的直接明显
性,我们现在几乎就不可能说话。

　但是,当它以我刚才所说的抽象术语来清楚地加以表述
时,这一理论远远不是明白易懂和显而易见的。构成感官－觉
察之目标的事实是一些不断流逝的因素所构成的复合体,这个
复合体呈现在我们面前的东西与这种三位一体的自然唯物主
义没有任何符合之处。这里所说的三位一体是由以下因素构
成的:(1)无广延瞬间的时间序列;(2)物质存在的聚合体;
(3)作为质料关系之结果的空间。

　这种理智上的唯物主义理论所坚持的这些假设和感官－
觉察直接传递给我们的东西之间有个巨大的鸿沟。我对这种
唯物主义的三位一体学说是否体现了自然的重要特征没有提
出疑问。但是,有必要根据经验事实来表达这些特征。这正是
我在这次讲座中就时间而言一直在努力做的事情;并且我们
现在遇到了这样的问题:是否只有一个时间序列?时间序列
的唯一性是唯物主义自然哲学的预设。但是,这种哲学只是一
种理论,就像中世纪如此坚信的亚里士多德的科学理论一样。
如果在这个讲座中,我以什么方式成功地说明了有关直接事
实的理论,那么,这个答案几乎就不那么确定了。这个问题可
以转化为这种替代形式,亦即是否只有一个族的持续性?在这
个问题中,"持续性的族"的含义在本讲座的前面已经定义过
了。而其答案现在一点也不明白易懂。根据唯物主义理论,瞬
时性的当下是自然的创造性活动的唯一场地。过去已经过去,
而未来尚未到来。因此,(根据这一理论)直接的感知就是直

接的瞬时当下,并且这个唯一的当下乃是过去的结果和未来的
希望。但是,我们却否认这种直接给予的瞬时性当下。在自然
66 中根本不存在这样的东西。作为终极事实,它是不存在的。对
感官-觉察来说,直接的东西就是持续性。现在,持续性在其
本身之内有过去和未来;并且就感官-觉察的直接的持续性而
言,其时间上的广度非常不确定,且依赖于个体的感知者。因
此,在自然界中并没有唯一的因素对每个感知者来说是突出的
和必然的当下。自然的流逝在过去与未来之间并未留下任何
东西。我们所感知的当下是记忆的生动的边缘,且充满着期待。
这种生动性在持续性之内照亮了被区分开来的场地。但是因
此并没有给予任何保证来确保自然界中所发生的一切不能被
归类于其他可替代族的持续性。我们甚至不可能知道由个体
心灵的感官-觉察所设定的直接持续性序列全都必然地属于
同一族持续性。没有丝毫理由使我们相信事情就是如此。事
实上,如果我的自然理论是正确的,情况就不会是这样。

唯物主义理论具有中世纪思想的全部完整性,它对一切事
物都有完整的答案,无论这些事物是在天堂、地狱还是在自然
界。这种理论整齐简洁,它有其瞬时性当下,有其消失的过去,
有其非存在的未来,以及有其惰性的物质。这种整齐简洁性具
有明显的中世纪的特征,但是,它并不符合基本的事实。

我所竭力主张的理论承认有更大的终极神秘性和更深层次
的无知。过去和未来在难以界定的当下相遇和交融。自然的流
逝只是实存的创造性力量的另一个名称而已,它并没有在其中
发生作用的确定瞬时当下的狭窄边缘。它所发生作用的当下此

时正在迫使自然向前运行,这种当下的作用必定会在整个持续性过程中努力发挥,既在最遥远的过去,也在任何当下最狭窄范围内的持续性中起作用。也许还在尚未实现的未来之中起作用。也许还在可能的未来以及将成为现实的未来中起作用。倘若没有对人类智力极限的巨大情感,我们就不可能冥想时间和自然界的创造性流逝的奥秘。 67

第四章 广延抽象法

68　　今天的讲座必须从对有限事件的思考开始。这样,我们就可从适当的地方开始探究由我们的空间概念所描述的那些自然因素。

由我们的感官–觉察所直接呈现的持续性可区分为各个部分。例如,有一个部分是我们这个房间里所有的自然生命,有一个部分则是这个房间里桌子内部的所有的自然生命。这些部分都是有限的事件。它们具有这种当下持续性的持续时间,并且它们是这种持续性中的一部分。但是,持续性虽然是个无限的整体,并且在某种有限的意义上是全部的存在,然而一个有限事件通常具有完全确定的范围界限,这个界限是以时空术语向我们表达的。

我们习惯于把事件与某种戏剧性的性质相联系。如果一个人被车撞伤了,这个事件就是一个包含在一定时空界限内的事件。我们一般不会习惯于把大金字塔在任何特定一天中的持续时间当作事件。但是,大金字塔经过一天时间,这是个自然事实,这个事实由此意味着在其中所存在的整个自然,并且这个自然事实作为事件与一个人被车撞伤的事故具有相同的性质,因为这个事故由此便意味着是处在一定时空界限内的全部自然,其中包括发生触碰期间内的那个人和汽车。

我们习惯于将这些事件分析为三个因素:时间、空间和物质。事实上,我们立刻将关于自然的唯物主义概念应用到这些因素上了。我并不否认这种分析对于表达重要的自然规律是有效用的。我所否认的是将这些因素中的任何一个因素假定为在我们的感官-觉察里是具体的独立存在物。我们可以感知到自然中的单元因素;并且这个因素是正在彼时-彼地发生作用的事物。例如,我们可以感知到大金字塔在那里持续着,并且与埃及社会里正在发生的事件有关系。无论是通过语言还是正式的教学以及由此所产生的便利,我们受到的训练就是这样的,从而可以根据这种唯物主义分析来表达我们的思想,因而在理智上我们倾向于忽略那些实际上展现在感官-觉察之中的因素所具有的真正的统一性。正是这个单元因素,由于其本身之内保留了自然的流逝,乃是自然界中被区分开来的原初具体因素。这些原初因素就是我所说的事件。

事件是一个双项关系领域,也就是上一讲中我们所考察的广延关系。事件就是由广延关系关联起来的事物。如果事件A广延到事件B中,则B是A的"一部分",而A则是B是其一部分的那个"整体"。在这些讲座中,整体和部分总是在这个确定的意义上来使用的。因此,关于这一关系,任何两个事件A和B都可能彼此有四种关系中的任何一种关系,即(1)A可以广延到B中,或(2)B可以广延到A中,或(3)A和B都可以广延到某个第三事件C中,但两者不能广延到彼此之中,或(4)A和B可以完全分开。这些选项显然可以用欧拉图表来说明,就如它们在逻辑教科书中所表示的那样。

自然的连续性就是事件的连续性。这种连续性只是与广延关系相联系的各种事件属性之聚合体的名称而已。

第一,这种关系是传递的;第二,每个事件都包含着作为其自身之部分的其他事件;第三,每个事件都是其他事件的一部分;第四,给定任意两个有限事件,总会有一些事件,其中每一个事件都会包含它们二者作为其自身的一部分;第五,在这些事件之间存在着一种特定的关系,我称这种关系为"连接"关系。

当有第三个事件,且这两个事件都是其自身的一部分,并且它的任何部分都不会与这两个给定事件分开时,这两个事件便是连接关系或交叉关系。因此,两个相连接的事件恰好构成一个事件。在某种意义上,这个事件就是它们的总和。

只有某些成对的事件才具有这种属性。一般地说,任何事件如果包含着两个事件,那它也包含着与两个事件相分离的部分。

关于两个事件的连接还有一个可替代的定义,在我最近的一本书①中我已经采用了这个定义。当有第三个事件是如下情形时,两个事件就会有连接:(1)它同时与这两个事件有重叠,(2)它没有与两个给定事件相分开的部分。如果采用这些可替代定义中任何一个定义作为连接的定义,那么另一个定义就会成为关于连接特性的公理,就像我们在自然中所认识到的那样。但是,我们并不是思考其逻辑上的定义,而是对直接观察结果的

---

① 参阅《自然知识原理研究》。

表述。在观察到的事件统一体中有某种内在的连续性,这两个连接定义实际上是建立在观察基础之上的关于这种连续性具有何种特性的公理。

整体和部分的关系以及重叠关系乃是事件的特殊连接情形。但是,当这些事件彼此分离时,它们有可能是有连接的;例如,大金字塔的上部和下部可以由某些想象的水平面所分开,而实际上它们是连接在一起的。

自然界源于事件的这种连续性被一些说明例证掩盖了,对此我必须予以说明。例如,我把大金字塔的存在当作相当著名的事实,我可以有把握地把这个事实当作说明例证。这是一种事件,这个事件可把其自身向我们展示为可辨识客体的情形;并且在所选择的这个例子中,这个客体已得到广泛认可,因而获得一个名称。客体与事件是不同类型的存在。例如,在昨天和今天的大金字塔之中的自然生命作为事件可分为两部分,即昨天的大金字塔和今天的大金字塔。但是,这个也被称为大金字塔的可辨识客体在今天和昨天一样是同一个客体。关于客体理论,我只能在另一个讲座中再做考察。

全部主题被如下事实赋予某种不应有的微妙气氛:即事件成为明显的客体之"情境"(situation),此时我们没有任何语言可以把该事件与这个客体区分开来。就大金字塔的情况而言,这个客体是被感知到的单元存在,经过若干年代以后,它会依然如故,如其被感知到的那样仍旧保持着自我同一性;而其中所有那些分子的跳跃和电磁场不断变化的活动都是该事件的组成部分。客体在某种意义上是脱离时间的。它只是由于与我称之为

"情境"的这些事件有关系而在时间中派生出来的。这种情境关系还需要在随后的讲座中给予讨论。

我现在想要弄清的要义是，成为明显的客体之情境并非事件内在固有的必要性。无论何时何地只要有某种事情在进行，那就会有事件发生。此外，"无论何时何地"本身就是以事件为其预设前提的，因为空间和时间本身就是从事件中所做的抽象。因此，在每一个地方，甚至在所谓虚空之中，总是有某事在发生着，正是这一学说的结论。这一结论与现代物理科学是一致的，而现代物理科学是以电磁场在整个空间和时间中的活动为预设前提的。这种科学学说已经被抛入那种无所不包的以太唯物主义形式之中。但是，以太显然是个无根据的概念——培根将这个术语应用于目的因学说，它注定是没有结果的。从这个概念中推断不出任何东西；并且这种以太只是屈从于满足唯物主义理论要求的目的而已。重要的概念是各种力所构成的场在不断变化这一事实概念。这就是事件以太的概念，这一概念应该由物质以太的概念来取代。

不需要任何例证就可使你确信，事件乃是复杂的事实，并且两个事件之间的关系就会形成几乎无法破解的谜团。由人类常识所发现并且在科学中系统使用的线索是通过广延减少而收敛到简单性的定律，这是我在其他地方所命名的。①

如果A和B是两个事件，A'是A的一部分，B'是B的一部分，那么在许多方面，部分A'和部分B'之间的关系将比A和B之间的

---

① 参阅*Organisation of Thought*, pp. 146 et seq. Williams and Norgate, 1917。

关系更为简单。这个原则是主导所有的试图进行精确观测的
原则。

系统地使用这一法则的第一个结果便是阐述了抽象的时间
和空间概念。在前面的讲座中,我已经概述了如何应用这个原
则来获得时间序列。我现在开始考虑如何通过同样的方法来获
得空间存在。在这两种情形下,这种系统方法在原则上都是相
同的,我把这种一般类型的方法称为"广延抽象法"(method of
extensive abstraction)。

你们会记得在上一次讲座中,我曾经定义了持续性的抽象
集合概念。这个定义可以扩展,以便可使这个定义适用于任何
事件,既包括有限的事件,也包括持续性。所需要的唯一更改,
便是用"事件"一词来替换"持续性"一词。因此,事件的抽象
集合是具有如下两个属性的任何事件的集合:(1)在该集合的
任意两个成员中,一个成员包含着作为其一个部分的另一个成
员,(2)没有任何事件是该集合之中每个元素的共同部分。你
们可能还记得,这种集合具有中国玩具的属性,这种中国玩具是
一套盒子,其中一个盒子套在另一个盒子里面。所不同的是,在
这些玩具中有一个最小的盒子,而这种抽象类既没有最小的事
件,也不会收敛到不是该集合之一个成员的极限事件。

因此,就事件的抽象集合而言,一个抽象集合会收敛到无。73
有的集合就是这样,当我们在思想中朝着这些序列越来越小的
那一端不断行进时,它的成员会无限地越变越小;但是,没有任
何最终可以达到的绝对最小值。事实上,这种集合只是它本身
而已。就事件方面而言,除了表示其本身以外,它并不表示任何

其他东西。但是，在成为客体的情形方面，在具有其部分作为客体的情形方面，并且——更为一般地说——在成为自然之生命的场地方面，每个事件都有其内在的特性。这种特性可以用数量表达式来定义，以表示事件内在的各种数量之间的关系，或者这些数量与其他事件内在的其他数量之间的关系。就应当考虑的事件的时空广延性情形而言，由数量表达式构成的这个集合具有令人困惑的复杂性。如果e是一个事件，设我们用$q(e)$来表示定义其特性的数量表达式的集合，而其特性则包含着它与自然界其他部分的联系。设e_1，e_2，e_3等是一个抽象集合，这些成员如此排列，以使得诸如e_n的每个成员都能广延到所有的后续成员，诸如e_{n+1}，e_{n+2}等之中。那么，相应于如下序列

$$e_1, e_2, e_3, \cdots\cdots, e_n, e_{n+1}, \cdots,$$

会存在如下序列

$$q(e_1), q(e_2), q(e_3), \cdots\cdots, q(e_n), q(e_{n+1}), \cdots\cdots,$$

令事件序列为s，数量表达式为$q(s)$。序列s没有最终项，并且没有任何事件包含在该序列的每个成员之中。因此，该事件序列就会收敛到无，只是其自身而已。此外，序列$q(s)$没有最终项。但是，通过该序列之中的各个项，这些同源数量的集合确实会收敛到确定的极限。例如，如果Q_1是在$q(e1)$中存在的数量量度，并且与Q_1同源的Q_2存在于$q(e_2)$中，与Q_1、Q_2同源的Q_3存在于$q(e_3)$中，等等，那么，该序列

$$Q_1, Q_2, Q_3, \cdots\cdots, Q_n, Q_{n+1}, \cdots\cdots,$$

虽然没有最终的项，却会一般地收敛于确定的极限。因此，有一类极限$L(s)$是$q(e_n)$的那些成员的极限的类，当n无限

增加时，$q(e_n)$ 在整个序列 $q(s)$ 中都有同源物。我们可以通过使用箭头（→）来表示"收敛到"，以此符号方式来表示这一陈述。那么

$$e_1, e_2, e_3, \cdots\cdots, e_n, e_{n+1}, \cdots\cdots \to 无$$

且

$$q(e_1), q(e_2), q(e_3), \cdots\cdots, q(e_n), q(e_{n+1}), \cdots\cdots \to L(s)$$

在集合 $L(s)$ 中，极限之间的相互关系，以及这些极限和产生于其他抽象集 s'、s'' 等等的其他集合 $L(s')$，$L(s'')$，……中的极限之间的关系，具有特别的简单性。

因此，集合 s 确实表明了自然关系的理想的简单性，尽管这种简单性并不是 s 中任何现实事件的特征。我们可以对这种简单性做一个粗略估计，就像进行数值估计一样，这类似于我们通常把事件设想为在序列上朝向小端走得越来越远。应该注意的是，这个序列是个无限序列，因为它朝向小端以无止境的连续性而不断地延伸，这一点是有重要意义的。这个序列由以开始的那种任意的大事件并没有多大意义。我们可以在一个抽象集合的大端任意地排除任何事件的集合，同时又不会使做这样修改的集合失去任何重要的属性。

由抽象集合所表示的自然关系的这种极限特征，我称之为这种集合的"内在特征"；同时，那些同涉及其成员的整体和部分的关系有关联的属性，并且抽象集合正是据此而被定义的属性，则形成了我所说的"外在特征"。抽象集合的外在特征决定了确定的内在特征，这个事实正是精确的空间和时间概念之有意义的原因。从抽象集合中能凸显确定的内在特征，这正是收

敛定律的意义之所在。

例如,我们看到一列火车在一分钟内向我们驶近。作为那一列火车在一分钟内的自然生命的事件是非常复杂的,要表达这个事件的关系及其特征的各个成分会使我们困惑不已。如果我们从那一分钟里抽出一秒钟来分析,那么所得到的更为有限的事件就其成分而言会更简单一些,而且时间会更短。并且如果我们抽出更短的时间来分析,例如十分之一秒,或百分之一秒,或千分之一秒——只要我们有明确的规则,给定一系列递减的事件——那么,这些事件的成分特征就会收敛到那一列火车在确定瞬间上理想的简单特征。此外,向简单性收敛存在不同的类型。例如,我们可以收敛为如上所述的极限特性,从而表达在那个瞬间的整列火车之内的瞬间自然,或者在那一列火车某一部分内的瞬间自然——例如,在引擎锅炉内的瞬间自然——或在火车某一表面区域内的瞬间自然,或在火车内某一线路中的瞬间自然,或在火车上某个点上的瞬间自然。在最后一种情况下,所能达到的简单限制特性将会表现为密度、特定的重力和物质的类型。此外,我们不必一定要收敛到包含瞬间自然的抽象。我们可在整个一分钟内收敛到某个点轨道的物理成分之中。因此,收敛具有不同类型的外部特性,这导致了向作为极限的不同类型的内在特性的逼近。

我们现在转向于研究抽象集之间的可能联系。一个集合可能会"涵盖"另一个集合。我把"涵盖"定义如下:当p的每个成员包含着作为其部分q的一些成员时,抽象集p涵盖抽象集q。显然,如果任何事件e包含着作为集合q的任何成员的一

部分,那么,由于广延的传递属性,q小端的每个后续成员都是 76
e的一部分。在这种情况下,我将说抽象集q"内在于"事件e中。
因此,当抽象集p涵盖抽象集q时,抽象集q内在于p的每个成员
之中。

两个抽象集是可以相互涵盖的。当这种情况发生时,我将
称这两个集合为"抽象力相等"。 在没有误解的风险时,我将缩
短这个短语,简单地说这两个抽象集是"相等的"。抽象集合的
这种相等的可能性产生于这样一个事实,即p和q这两个集合,都
是朝向它们最小端的无限序列。因此,这种相等意味着,给定隶
属于p的任何事件x,我们总是可以通过足够远的距离到q的最小
端找到一个事件y,它是x的一部分,然后通过足够远的距离到p
的最小端,我们可以找到一个事件z,它是y的一部分,如此等等,
以至无穷。

抽象集合之相等的重要性源于假定这两个集合的内在特性
是相同的。如果情况不是这样,那精确的观察就会终止。

显然,任何两个抽象集合若是同第三个抽象集合相等,那它
们就是彼此相等的。一个"抽象元素"就是等于它们自身中任
何一个集合的抽象集合所构成的整个群组。因此,所有的抽象
集合若是隶属于这同一个元素,那它们就都是相等的,并且会收
敛于这种相同的内在特性。因此,一个抽象元素就是一组近似
于理想简单性的确定的内在特性的路径,这种理想简单性乃是
自然事实之中的极限。

如果抽象集p涵盖另一个抽象集q,那么,任何抽象集合,若
是隶属于p是其一个成员的那个抽象元素,则都将会涵盖隶属于

q为其一个成员的那个元素的任何抽象集。因此,有意义的是要
扩展一下"涵盖"一词的含义,并要指出一个抽象元素会"涵
77 盖"另一个抽象元素。如果我们试图以类似的方式将"相等"
一词扩展到"在抽象力上相等"的意义上,那么显然一个抽象
元素只能等于其自身。因此,抽象元素具有独特的抽象力,这是
源于事件的构造,它描述了一种确定的内在特性,这是通过运用
收敛原理,即收敛到经由程度减少而获得的简单性,把其作为极
限而得到的。

当抽象元素A涵盖抽象元素B时,A的内在特性在某种意义
上包含着B的内在特性。它导致关于B的内在特性的陈述在某种
意义上是关于A的内在特性的陈述;但是,A的内在特性比B的
内在特性更为复杂。

这种抽象元素构成了空间和时间的基本元素,因而我们现
在转向于考察在这一类特殊元素的构成中所包含的属性。在上
一次讲座中,我已经研究了一类抽象元素,也就是时刻。每一个
时刻都是一组抽象集合,并且作为这些集合元素的事件,都是一
族持续性的成员。一族中的时刻构成一个时间序列;并且,由于
允许不同族的时刻之存在,在自然界中将会有可替代的时间序
列。因此,广延抽象法是根据直接的经验事实来说明时间序列
之起源的,同时又允许存在着可替代的时间序列,这是现代电磁
相对论所要求的。

我们现在转向空间。首先要做的是掌握抽象元素的类,在
某种意义上这些抽象元素就是空间中的点。这些抽象元素在某
种意义上必须表现出收敛于绝对最小值的内在特征。欧几里得

已经表达了适用于所有时间的关于点的一般观念,也就是说,它既没有部分,也没有大小。正是这种作为绝对最小值的特性乃是我们想要得到的,并且我们要以构成点的抽象集合的外部特征来表达这种特性。此外,由此而达到的点描述了没有任何广延性的理想事件,尽管事实上并没有诸如这些理想事件之类的存在。这些点并不是外部的永恒空间之中的点,而是瞬时空间之中的点。我们最终想要达到的是物理学的永恒空间,并且这也是现在与科学概念有染的共同思想。当我们讨论这些空间时,为这些空间保留"点"这一术语将会方便一些。所以,我将给事件的理想的最小极限命名为"事件-粒子"。因此,事件-粒子是个抽象元素,并且因而是一组抽象集合;点——即永恒空间之中的点——则是事件-粒子的类。

此外,对应于每个单独的时间序列,也就是说,对应于每个单独的持续性族,都有一个单独的永恒空间。我们随后会回过头来讨论永恒空间之中的点。我之所以在此时提到它们,只是为了我们可以理解我们的研究阶段。事件-粒子的总体将会形成四维的流形,这是由时间所产生的另外的维度——换句话说,这源于永恒空间之中的点,其中每一个点都是事件-粒子的类。

如果我们可以将事件-粒子定义为具有它们所涵盖的任何抽象集所涵盖的属性,那么就会有保证得到构成事件-粒子的抽象集合所要求的特征。因为这样一来,事件-粒子的抽象集合所涵盖的任何其他抽象集将会与之相等,并将因此而成为同一个事件-粒子的成员。所以,事件-粒子并不能涵盖任何其他抽象元素。这是我最初在1914年巴黎会议上提出的定

义①。然而，如果采纳这个定义而没有进一步的补充，那么在这个
79 定义中就会包含困难。因此，我现在对我在所提到的那篇论文
中试图克服这一困难的方式并不满意。

这一困难在于，一旦事件−粒子得以定义，就很容易把事
件−粒子的聚集体定义为构成了事件的边界；并且由此对于一
对事件（其中一个是另一个的部分）来说，在它们的边界确定
接触点是可能的。这样我们就可以设想所有的相切都是极其复
杂的。特别是，我们可以设想抽象集的所有成员在同一事件−粒
子上都会有接触点。这样一来就很容易证明，没有一个抽象集
合具有被它所涵盖的每一个抽象集合所涵盖的属性。我在某种
程度上陈述了这一困难，因为它的存在指引着我们的论证线索
的发展。我们必须给它所涵盖的任何抽象集涵盖的根属性附加
一些条件。当我们研究有关这些合适条件的这个问题时，我们
发现，除了事件−粒子之外，所有其他相关空间的和时空的抽象
元素都可以通过适当地改变条件而以同样的方式来定义。因此，
我们可以用适合于在事件−粒子以外运用的一般方式来进行。

设 σ 为某些抽象集可满足的任何条件的名称。当一个抽象
集具有如下两种属性时，我就可以说这个抽象集是"σ素数"（素
数）：（1）它满足条件σ；（2）它被由抽象集所涵盖并能满足条
件σ的每个抽象集所涵盖。

换言之，你不可能得到任何表现出比σ素数有更简单的内在

---

① 参阅 "La Théorie Relationniste de l'Espace," *Rev. de Métaphysique et de Morale*, vol. xxiii, 1916。

特征且能满足条件σ的抽象集。

还有一些相关的抽象集合,我称之为σ反素数的集合。一个抽象集如果具有如下两个属性,那它就是一个σ反素数:(1)它满足条件σ;(2)它涵盖着每一个既涵盖它又能满足条件σ的抽象集。换句话说,你不可能得到任何表现出比σ反素数更复杂的内在特征,且能满足条件σ的抽象集。

σ素数的内在特征在这些抽象集合中具有某种最小的充分性,这些抽象集合倾向于满足σ的条件;而σ反素数的内在特征则具有相应的最大的充分性,并且包含着这种情况下它所能包含的一切。

让我们首先考虑一下,我们在上一次讲座中所给出的时刻定义中,反素数概念能给我们带来什么帮助。设条件σ具有其成员均为所有持续性的类的属性。满足这一条件的抽象集因而完全是由持续性所组成的抽象集。这样,就可以方便地把时刻定义为抽象集群,它与某种σ反素数相等,其中条件σ具有这种特殊的含义。它基于如下考虑:(1)每个可形成时刻的抽象集都是一个σ反素数,其中σ具有这种特殊的含义,(2)我们已经从时刻的成员资格中排除了持续性的抽象集合,这些持续性全都具有一个共同边界,无论是初始边界还是最终边界。因此,我们排除了那些容易混淆一般推理的特殊情况。关于时刻的这个新定义取代了我们以前的定义,即(借助于反素数概念)这个新定义更为精确地刻画了这两种情况,而且也更为有用。

在关于时刻的定义中,"σ"所代表的特定条件包括着某种新增加的东西,它是从单纯的广延概念中衍生出来的。持续性向思想展示为某种整体性。这种整体性概念是某种超越广延性的东西,尽管它们两者在持续性概念中是交织在一起的。

以同样方式,定义事件–粒子所需要的特定条件"σ"必须到纯粹的广延概念以外去寻找。这个评论对于其他空间元素所需要的特定条件同样也是正确的。这个额外的概念是通过区分"位置"概念与收敛到由事件的抽象集合所展示的理想的零广延概念来实现的。

81　　　为了理解这一区别,可考虑一下瞬时空间之中的点。我们通常认为,瞬时空间是我们几乎在瞬间一瞥中向我们显现的东西。这个点就是事件–粒子。它有两个位相(aspects)。在一个位相中它就在此地,在其所在。这是它在此空间之中的位置。在另一个位相中,它是通过忽略周围空间而得到的,并且是通过把注意力集中在越来越小的逼近它的事件集合中而得到的。这是它的外在特征。因此,点具有三个特征,这就是它在整个瞬时空间中的位置、外在特征和内在特征。任何其他空间元素也是如此。例如,瞬时空间中的瞬时体积有三个特征,也就是说,它的位置、它作为一组抽象集合的外在特征以及它的内在特征,这些内在特征是由这些抽象集合中的任何一个集合所表示的自然属性的极限。

在我们能谈论瞬时空间中的位置之前,我们显然必须非常清楚我们所说的瞬时空间本身的含义是什么。瞬时空间必须被看作是时刻的特征。因为时刻是处于瞬间上的整个自然。它不可能是这个时刻的内在特征。因为内在特征会告诉我们在那一瞬间处于空间中的自然有哪些有限的特征。瞬时空间必定是在其相互关系中所考察的那些抽象元素的聚集。因此,瞬时空间乃是由某一时刻所涵盖的抽象元素的聚集,而且它就是该时刻的瞬时空间。

我们现在必须要追问一下,我们在自然界中发现了什么特征,它能够根据这些瞬时空间元素而与不同的位置属性区分开来。这个问题立刻会把我们带到时刻的交集,这个主题是我们在这些讲座中还尚未考虑的话题。

两个时刻的交集位点(locus)是它们二者所涵盖的抽象元素的聚集。那么,同一时间序列的两个时刻不可能相交。不同族的两个时刻必然会相交。因此,在一个时刻的瞬时空间里,我们应当期望这些基本的属性被标记为与其他族的时刻有交集。如果M是一个给定时刻,则M与另一时刻A的交集便是M的瞬间空间中的瞬时平面;如果B是与M和A相交的第三时刻,则M和B的交集便是空间M中的另一平面。A、B和M的共同交集是空间M中两个平面的交集,即它是空间M中的一条直线。如果B和M与A和M在同一平面上相交,则会出现例外情况。此外,如果C是第四时刻,那么,除了我们不需要考虑的特殊情况外,它会在该直线(A,B,M)所遇到的平面上相交于M。因此,在一般情况下,不同族的四个时刻会有一个共同的交集。这个共同的交集便是抽象元素的聚集,它们中每一个元素都会涵盖(或"位于")所有的四个时刻。瞬时空间的三维属性就是这样的,即(除了四个时刻之间的特殊关系外)任何第五时刻要么包含它们的共同交点的全部,要么一个也不包括。通过时刻不可能进一步细分这种公共交集。"全有或全无"原则在此成立。这个真理并不是先天的,而是自然界之中的经验事实。

方便的是把常用的空间术语"平面"、"直线"、"点"保留为时间–系统的永恒空间之中的元素。因此,就一个时刻中的瞬时空间而言,其中的瞬时平面可被称为"水平面"(level),瞬时直线可被称为"直线"(rect),瞬时点可被称为"点"(punct)。因此,点是如下抽象元素的聚集:这些抽象元素位于四个时刻中的每一个时刻,这些时刻的族彼此之间并没有任何特殊关系。

83　此外,如果P是任何时刻,那么,要么隶属于给定点的每个抽象元素都处在P中,要么这个点中的任何抽象元素都不处在P中。

位置是抽象元素根据它所处于其中的时刻而具有的性质。位于一个给定时刻M的瞬时空间中的抽象元素,通过与M相交的各种其他时刻而相互区分,从而包含这些抽象元素的各种选择。正是这些因素的这种区分构成了它们的位置的区分。隶属于点的抽象元素在M中有类型最简单的位置,而隶属于直线但不隶属于点的抽象元素具有较为复杂的位置属性,进而,隶属于水平面而不是直线的抽象元素则具有更为复杂的位置属性,最后,最复杂的位置属性则属于那种隶属于体积而不是水平面的抽象元素。然而,关于体积我们至此还尚未予以定义。这个定义将会在下一次讲座中给出。

显然,平面、直线和点就其能作为无限的聚集而言不可能是感官–觉察的目标,也不可能是感官–觉察中所要逼近的极限。任何一个平面的成员都有某种源于其性质的属性,这种属性也属于某个时刻的集合,但是作为整体的这个平面只是一个逻辑概念,它并没有沿着感官–觉察所设定的存在可以逼近的任何路径。

另一方面,事件-粒子可被定义为能展示由感官-觉察中所设定的存在来标志的这种逼近路径的特性。一个确定的事件-粒子是参照一个确定的点以如下方式来定义的:设条件σ表示涵盖所有抽象元素的属性,这些元素是该点的成员;因此,能满足条件σ的抽象集是一个涵盖属于点的每个抽象元素的抽象集。这样一来,与点相关联的事件-粒子的定义便是,它是所有σ素数的群,其中σ具有这一特定的含义。

显然——由于σ的这个含义——每个等于σ素数的抽象集本身就是σ素数。因此,这样加以定义的事件-粒子便是抽象元素,即它是这些抽象集合群,这些抽象集合各自等于某一给定的抽象集。如果我们写出与某些给定的点相关联的事件-粒子的定义,我们可称之为π,其意如下:与π相关联的事件-粒子是一组抽象类,每个抽象类都有两个属性:(1)它涵盖π中的每个抽象集,(2)所有抽象集若是也能满足关于π以及它所涵盖的前一个条件,那么也会涵盖它。

事件-粒子由于其与点相联而具有了位置,并且反过来这个点也获得了其自身的派生特性,成为从它与事件-粒子相关联的逼近路径。点的这两个特征总是反复出现在任何对自然的观察事实所派生的点的处理方面,但是总的来说,对于它们的区分还没有明确的认识。

瞬时点的特殊简单性有两个起源,一个与位置相连,也就是说,它的特征是作为一个点;另一个与它作为事件-粒子的特征有关。点的简单性产生于它在时刻上的不可分割性。

事件－粒子的简单性源于其内在特性的不可分割性。事件－粒子的内在特性是不可分割的,意思是指它所涵盖的每一个抽象集合都表现出相同的内在特性。因此,虽然有不同的抽象元素被事件－粒子所涵盖,但是对它们进行思考却没有获得任何优势,因为我们在自然属性的表达上并不能进一步获得简单性。

85　　简单性的这两个特征是事件－粒子和点分别具有的,它们定义了欧几里得的如下说法,即"没有部分且没有大小"。

显然,从我们的思想中清除掉所有这些偏离主题的抽象集合是很方便的,这些集合被事件－粒子所涵盖,但并不是它们的成员。它们没有给我们任何新的内在特征。因此,我们可以认为,线和平面仅仅是事件－粒子的位点。在这样做的过程中,我们还在切割那些包含事件－粒子集的抽象元素,而这些元素本身并不是事件－粒子。这些抽象元素的类别是非常重要的。我稍后会在这个讲座和其他讲座中再度考察它们。同时,我们也会忽略它们。此外,在说到"事件－粒子"时,我所选择使用的总是"点"这个词,后者是一个人为的词,我不太喜欢这个词。

线与平面中的平行性现在可以得到解释了。

思考一下属于某一时刻A的瞬时空间。设A属于我将称之为时刻α的时间序列。再思考一下我将称之为时刻β的其他的时间序列。β中的那些时刻相互之间不相交,它们与一个水平族中的时刻A相交。这些平面都不能相交,并且它们在时刻A的瞬时空间中,形成一个平行的瞬时平面族。因此,在时间序列中,时刻的平行性在瞬时空间中产生了平面的平行性,这样就很容易看到直线的平行性。因此,欧几里得的空间属性来源于时间的抛物线属性。 情况可能是,有理由采用双曲线时间理论及其相应的双曲线空间理论。这样的理论还没有研究出来,所以,对于可以提出有利于它的证据的特征,现在还不可能做出判断。

瞬时空间中的顺序理论可直接地由时间顺序得出。考虑一下某一时刻的空间M。设α是一个时间体系的名称,M不属于它。设A1,A2,A3,等等是按照它们发生的顺序排列的α中的时刻。那么,A1,A2,A3,等等与平行层面L1,L2,L3,等等之中的M相交。那么,M空间中平行层面的相对顺序,与时间体系α中的相应时刻的相对顺序相同。M与其点集合中的所有这些平面相交,M中的任何一个直线因而就为它的点获得一种位置顺序。因此,空间顺序是从时间顺序中派生的。此外,还有可选择的时间体系,但在每个瞬时空间中只有一种确定的空间顺序,因此,从不同的时间体系所导出的空间顺序的各种模式,必定会与每个瞬时空间中的空间顺序相协调。这样,不同的时间顺序也是可比较的。

在我们的空间理论得到充分修正之前,我们还有两个大问题有待解决。其中一个问题是确定空间内的测量方法,换句话说,即空间的一致性理论。我们将会发现,对空间的测量与对时间的测量密切相关,迄今对此尚未有任何原理可以确定。因此,我们的全等理论将是关于空间和时间的理论。其次,存在着确定的永恒空间,以其在连续时刻中无限的瞬时空间集,对应于某种特定的时间体系。这是物理学的空间,或者更确切地说,这些是物理学的空间。 在通常情况下,我们会通过说这是概念性的来否定这个空间。 我不明白这些短语的优点。我想,这意味着空间是自然中的某物概念。因此,如果物理学的空间被称作是概念性的,那么,我请问一下,那它在自然界中是个什么概念?例如,当我们谈到物理学的永恒空间中的点时,我想我们是在谈论自然界中的东西。如果我们不这么说,那我们的科学家就是在纯粹幻想的领域中锻炼他们的智慧,而实际情况显然并非如此。无论空间是相对的还是绝对的,都会要求有一种明确的"人身保护法案"。对提出自然界中的相关存在而言,这也是适用的。根据相对空间理论,也许可以说,物理学中没有永恒的空间,只有瞬时空间的时刻序列。

　　有一个极为常见的说法是,有人如此这般在某一确定的时间内走了4英里,如果要追问这个说法的含义,那就必然要做出解释。你如何测量从一个空间到另一个空间的距离呢?步行的行程是根据军事地图的标尺而得来的,这一点我理解。但是,说今天上午10点恰恰在那个瞬时空间中的剑桥,就在那一瞬间,与今天上午11点恰好在那个瞬时空间中的伦敦,就在那一瞬间,是52英里,对这个说法我完全不能苟同。我认为,当这个说法产生了一种含义时,你会发现你已经构建了一个事实上是无时间的空间。我不能理解的是,如果不实际上做出一些这样的建构,如何对含义提出一种解释。此外,我可以补充说明一下,如果仅凭现有的空间理论,我不知道瞬时空间是通过什么方法而与空间发生关联的。

　　你们可能已经注意到,通过可选择时间体系假定的帮助,我们正在对空间的特征做出说明。在自然科学中,"说明"仅仅意味着发现"内在联系"。例如,在某种意义上,你对看到的红色并没有什么说明。它就是红色的,此外,再没有其他可言说的了。要么它是摆在你面前的感官-觉察,要么你对存在的红色一无所知。但是,科学已经对红色做出了说明。也就是说,科学已经发现了在作为自然因素的红色与自然的其他因素之间,例如作为电磁干扰之波的光波之间,存在着内在联系。身体中也会因存在各种病理状态,导致人在没有出现光波的情况下能看到红色。因此,感官-觉察中所设定的红色与自然界中的各种其他因素之间的联系被发现了。这些联系的发现构成了我们对颜色视觉的科学说明。以相似的方式,空间特征对时间特征的依赖构成了科学追寻解释的一种说明。系统化的理智对单纯的事实是反感的。空间的特征迄今为止一直被描述为最终的和无联系的单纯事实的集合。我所阐述的理论则扬弃了空间事实的这种分离性。

第五章　空间和运动

本讲的主题是继续前面的任务，即根据对自然事实的抽象对空间结构予以说明。须注意的是，在前一讲结束时，我们还没有考察全等问题，也没有考虑永恒空间的结构问题，而后一个问题应当与某一给定时间系统的连续瞬时空间有关联。进一步说，我们还要注意到，还有许多空间的抽象元素是我们尚未界定的。我们将首先考察关于这些抽象元素中某些元素的定义问题，也就是关于立体、面积和路径的定义问题。我用"路径"的意思是指线性的线段，包括直的和弯曲的线段。我的期望是，对这些定义和必要的初步说明所做出的阐释，可对用事件－粒子的功能分析自然界提供一般的说明。

我们已注意到，事件－粒子相互之间具有"位置"（position）。在上一讲中我已经说明过，"位置"乃是根据覆盖着它的相交瞬间由空间元素所获得的属性。因此，每个事件－粒子在这个意义上都有位置。要表达事件－粒子在自然界中的位置，最简单的方式首先是要固定在任何确定的时间系统之中，可称这个系统为α。在α的时间系列中将会有一个瞬间会覆盖这个给定的事件－粒子。因此，位于该时间系列α之中的事件－粒子的位置是由这个瞬间来定义的,我们将称这个瞬间为M。该粒子在M空间中的位置因而被唯一与之相交的三个层次以通常的方式固定下来了。固定事件–粒子位置的这个过程表明,事件–粒子的集合构成了四维流形。一个有限事件在某种意义上占有了这个流形有限的一块。对此,我现在就进一步加以说明。 90

设e是任意给定的事件。事件–粒子的流形可分成与e有关的三个集合。每个事件–粒子都是一组相等的抽象集合,并且每个趋向于其末端的抽象集合都是由越来越小的有限事件构成的。当我们从这些进入了给定事件–粒子之构成里的有限事件中选择那些足够小的事件时,如下三种情形中必定有一种情形会发生:(1)所有这些小事件都完全地同既定事件e相分离;(2)所有这些小事件都是事件e的组成部分;(3)所有这些小事件都同事件e相重叠,但又不是其组成部分。在第一种情况下,可以说事件–粒子“位于事件e之外”,在第二种情况下,可以说事件–粒子“位于事件e之中”,而在第三种情形下,可以说事件–粒子是“事件e的边界粒子”。因此,有三种粒子集合,也就是说,一是位于事件e之外的粒子集合,一是位于事件e之内的粒子集合,再一个是作为事件e的边界粒子之集合的事件e的边界。由于事件是四维的,事件的边界就是三维的流形。对有限的事件而言,其边缘具有连续性;对持续性而言,这个边界构成的事件–粒子是由两个作为边界的瞬间之中某一个瞬间所覆盖的。因此,持续性的边界构成了两个瞬时三维空间。事件可以说就是对位于其自身之中的事件–粒子的“占有”。

根据我在上一讲中所描述的连接的意义,如果两个事件是有连接的但又是分开的,因而一个事件既不是另一事件的一部分,也不是与之相重叠的,那么,就可以说这两个事件是"附加的"(adjoined)。

这种附加关系引起了两个事件的边界之间的特有关系。这两个边界必定会有共同的部分,这个部分事实上是事件-粒子在四维流形中的连续三维轨迹。

91　　事件的三维轨迹由于是两个附加事件的边界的共同部分,因而可称之为"立体"。立体可以位于也可不完全地位于一个时刻之内。不位于一个时刻之内的立体可称为"漂体"(vagrant)。而位于一个时刻内的立体可称为"容积"。容积可以被定义为事件-粒子的轨迹,时间在这个轨迹中与事件相交,假定这两者确实可相交的话。时刻与事件的这种相交显然地是由这些被该时间所覆盖并位于该事件之中的事件-粒子构成的。如果我们记得相交的时刻把该事件分为两个附加事件,容积的这两个定义的恒等就是显而易见的。

这样加以定义的立体,不是论漂体还是立体,都只是表示位置的某种属性的事件-粒子的集合。我们也能把立体定义为抽象元素。为了能这样做,我们就要借助于前一讲中说明过的素数论。设名为σ的条件代表如下事实:在能满足它的任何抽象集合的事件中,每一个事件都有位于其中的某种特殊立体的所有事件-粒子。那么,所有的σ素数群都是与这种给定立体相联系的抽象元素。我称这种抽象元素为抽象元素的立体,并且我称这种事件-粒子的集合叫作轨迹的立体。瞬时空间中的瞬时容积,作为我们的感官-知觉的理想,乃是作为抽象元素的容积。我们全力以赴追求精确性而能真正地知觉到的东西是一些小事件，它们远远不足以达到属于作为抽象元素之容积的某种抽象集合。

要想知道我们接近于对漂移立体的任何知觉还有多远，那是很困难的。我们的确认为我们不能做出任何这样的接近。但是这样一来我们的思想——在人们思考这类话题的情况下——如此严重地受到关于自然界的唯物主义理论的控制，以至它们几乎不能算作证据。如果爱因斯坦的引力论中有任何真理，那么漂移立体在科学中就是有重大意义的。有限事件的全部边界 92 也许可以被看作是作为轨迹的漂移立体的特殊例子。它的特殊的封闭属性使它不能被定义为抽象元素。

当时刻与事件相交时，它也会同该事件的边界相交。这个轨迹，作为该时刻中所包含的边界的一部分，乃是与包含在该时刻中的事件相应的容积的边界面。它是个二维轨迹。

每个容积都有边界面，这个事实是戴德金（Dedekind）空间连续性的起源。

另一事件可以由另一容积中的相同时刻来分割，并且这个容积也有其自身的边界。在一个时刻的瞬时空间中存在的这两个容积，也可以用熟悉的方式相互重叠，对此我不必详细描述，而这会因此造成从彼此的表面切下一部分。这些表面部分就是"瞬时面积"（momental areas）。

在这个阶段，我们还没必要进入复杂的漂移立体的定义。当事件-粒子的四维流形的属性得到更为充分的探讨时，它们的定义是非常简单的。

　　采用适用于立体的完全同样的方法,显然地可以把瞬时面积定义为抽象元素。我们只消在已经给出的定义中以"面积"来替代"立体"一词即可。此外,同立体的类似情形完全一样,我们所知觉到的东西作为对我们的理想面积的接近,是一种远远不足以达到一种相等抽象集合之末端的小事件,而这种相等抽象集合则属于作为抽象元素的面积。

　　位于同一个时刻之中的两个瞬时面积,可在一个并非必然是用直线围着的瞬时线段中相切。这个瞬时线段也可被定义为抽象元素,因而可称之为"瞬时路径"。对于这些瞬时路径,我93们不必再耽误时间对之进行任何一般的思考,它对我们进一步对漂移路径进行更为广泛的研究一般地说也不太重要。然而,有两个简单的路径集合是极为重要的。一个是瞬时路径集合,另一个是漂移立体集合。两个集合都可以归类为直线路径。我们不必参考对容积和表面的定义就可以着手定义它们。

　　这两类直线路径将会被称为用直线围着的路径和站点(station)。以直线围着的路径是瞬时路径,而站点是漂移路径。以直线围着的路径在一定意义上位于直线之中。在瞬间上的任何两个事件-粒子都可定义那些位于该瞬间之上的它们之间的事件-粒子的集合。设通过抽象集合来满足条件σ是指这两个给定的事件-粒子和位于该瞬间的它们之间的事件-粒子全都位于每一个属于该抽象集合的事件之中。σ素数群,因为σ在其中有这个含义,就构成了抽象元素。这类抽象元素是用直线围起来的路径。它们是作为精确知觉之理想的瞬时直线线段。我们的现实知觉,不管如何精确,都将是关于远远不足以达到该抽象元素的一种抽象集合的小事件的知觉。

　　站点是个漂移路径,任何时刻都不能在多于一个事件-粒子上同任何站点相交。因此,站点本身会与由它所覆盖的事件-粒子各自的瞬时位置做比较。瞬间产生于瞬间的这种相交。但是,我们迄今还没有提到任何事件的属性可以被用来找到任何类似的漂移轨迹。

　　对我们的研究来说,一般的问题是要确定一种比较方法,以对一种瞬时空间中的位置与另一种瞬时空间中的位置进行比较。我们可以把自身局限于一个时间系统的平行时刻的空间。如何对这些处在各种各样的空间中的位置进行比较呢?换言之,我们所说的运动是什么意思呢?根本的问题是要向任何相对空间理论提出这个问题,并且像许多其他根本问题一样,这个问题很容易被搁置起来,无人回答。如果回答说我们都知道运动是指什么,这并不是这个问题的答案。当然,就感官-觉察来说,我们确实做出了回答。我所要追问的是,你的空间理论应当提供具有可观察之物的自然界。若是提出一个理论,而根据这个理论没有任何事物可以观察,并且随后重复说,尽管如此,我们确实可观察这个不存在的事实,这并没有解决这个问题。除非运动是自然界中作为事实的某种事物,否则,动能和动量以及所有那些依赖这些物理概念的东西,都会从我们的物理实在目录中消失。即使在这个革命的年代里,我的保守主义也绝对地反对把动量与月光相等同。

　　因此,“运动是物理事实”被我设为公理。运动是我们在自然界中所知觉到的某个事物。运动是以静止为前提的。直到理

94

论开始损害直接的直觉,也就是说损害那些直接源于感官-觉察的未经批判的判断之时,人们才开始怀疑在运动中我们忘记了处于静止状态的事物。亚伯拉罕在漫游中离开了原来一直存在于那里的他的出生地。运动理论和静止理论是因强调的问题不同而从不同方面来看的同一种东西。

现在,不在某种意义上承认绝对位置理论,你就不可能有静止理论。通常人们会假设,相对空间意味着不存在绝对位置。而根据我的信念来看,这种假设是错误的。这个假设源于未能做出另一个区别;也就是说,绝对位置可能还有另外一种不同的定义。这种可能性随着承认具有可替代的时间系统而出现了。因此,一个时间系列的平行时刻中的空间系列,可以有它们自己的与这些连续空间中的事件-粒子集合相互关联的绝对位置,因此,每一个集合都是由事件-粒子构成的,各自来自于每个空间,全都具有该系列空间中相同的绝对位置属性。这类事件-粒子集合将会构成该时间系统的永恒空间之中的点。因此,点实际上是给定的时间系统内永恒空间中的绝对位置。

但是,还有其他一些可供选择的时间系统,并且每一个时间系统都有其自身独特的点群——这就是说,都有其自身独特的绝对位置定义。这正是我要详尽阐述的理论。

在自然界中寻找绝对位置的证据时,想借助于四维的事件-粒子流形是没有用的。这个流形是通过把思想扩展到直观观察之外而获得的。除了我们在这里提出的东西表征根据我们的直接感官-觉察而产生的思想中的观念以外,我们在其中什么也找不到。为了找到存在于事件-粒子流形之中的这些属性的证据,我们必须永远求助于对事件之间关系的观察。我们的问题是要确定，就产生于永恒空间之内的那些绝对位置的属性之中的事件而言，它们之间究竟有什么关系。这个问题实际上就是要确定物理科学的永恒空间究竟有什么意义。

在考察感官-觉察中所直接揭示的自然界诸因素时，我们应当注意"在这里"的知觉有哪些基本特征。我们把事件只是识别为确定的复合体中的某个因素，每个因素在该复合体中都有其自身独特的份额。

这里有两个因素永远是这个复合体中的成分，一个是持续性，它是通过关于所有的当下存在的自然界概念表现在思想之中的，另一个是感官-觉察中所包含的心灵的法定地位。这个法定地位在自然界中就是通过"这里"的概念，亦即"这里的事件"概念而表现在思想中的东西。

这就是自然界中的某个因素的概念。这个因素就是自然界中的事件，它是自然界中的觉察活动的中心或者叫位点，并且其他事件是参照这个位点而被知觉到的。这个事件是那个有关的持续性的组成部分。我称之为"有感知能力的事件"。这个事件不是心灵，也就是说，不是感知者，而是心灵在自然界中所知觉到的东西。心灵在自然界中的全部立足点就是通过这一对事件来表征的，也就是说，通过标志觉察在"何时"的当下持续性这个事件，以及标志觉察"在何处"和觉察"如何"进行的这种有感知能力的事件来表征的。这种有感知能力的事件大体上可以说是人格化的心灵所具有的肉体生命。但是，这种认同是粗浅的。因为肉体的功能已逐渐地变为自然界中其他事件的功能；

因此,对某些目的来说,这种有感知能力的事件应当被看成只是肉体生命的组成部分,而对另外一些目的来说,甚至可以把它看作不只是肉体生命的东西。在许多方面,这种区分纯粹是任意的,这取决于你在滑尺的什么地方划线。

我在前一章中已经针对时间问题讨论了心灵与自然的联系。这个讨论的困难在于那些常量因素通常容易被忽视。我们在比较中因为它们不存在而从来没有注意到它们。讨论这个因素的目的可以说成是为了使明显的东西看上去奇特。除非我们设法以它们因稀奇而具有某种新鲜性向它们投入,否则我们就不可能设想它们。

正是因为这种让常数因素从意识中溜掉的习惯,使我们不断地陷入错误,认为作为自然界中的自然因素的感官-觉察是心灵和该因素之间的两项关系。例如,我知觉到一片绿叶。这个陈述中的语言抑制了对所有的那些不同于有感知能力的心灵同绿叶和感官-觉察的关系这种因素的参照。它舍弃了作为该知觉中本质元素的那些明显不可缺少的因素。我在这里,叶子在这里;并且这里的事件和作为那片绿叶之生命的事件,二者都具体地嵌入在当下的自然界整体之中,并且这个整体中还有其他一些无关的尚未提及的区分因素。因此,语言习惯性地在心灵面前设置了一种误导人的抽象,即把无限复杂的感官-觉察事件加以抽象了。

97 现在我要讨论的是"这里"的有感知能力的事件与"当下"的持续性之间具有哪些特殊关系。这种关系是自然界中的事实,也就是说,心灵可觉察到自然界,把它觉察为具有这种关系之中的这两种因素。

在短暂存在的持续性中，该有感知能力的事件在"这里"具有某种确定的意义。"这里"的这种意义就是该有感知能力的事件与其自身的相关持续性之间的特殊关系。我称这种关系为"同步"（cogredience）。因此，我要问对这种同步关系的特性如何描述。当同步的"这里"失去其自身的单一确定意义时，现在就突然折断而分裂成为过去和现在。在自然界中，一直存在着从过去持续性之内的对"这里"的知觉到当下持续性之内对不同的"这里"的知觉的流变。但是，在相邻持续性内部感官-觉察的这两种"这里"也许是不可区分的。在这种情形下，就存在着从过去到现在的流变，但是，某种保持力更强的知觉力量有可能已经把这个流变的自然界保持为完整的现在，而不是让先前的持续性滑向过去。也就是说，静止感有助于整合持续性，把它整合为延长的现在，并且这种运动感把自然界区分为连续的短暂持续性。当我们在特快列车上从车厢里往外观看时，现在转瞬即逝，在我们还没有反应过来时，它就已成为过去。我们生活在一个个转瞬即逝的小片刻之中，它们逝去的速度太快，因而思想抓不住它们。另一方面，这种直接的现在，由于自然界本身向我们呈现为连续的静止一面而被延长了。自然界中的任何变化都可以为持续性中的区分提供根据，以便把这种现在缩短。但是，自然界中的自我变化和外部自然界的变化之间有重大的区分。自然界中的自我变化是有感知能力的事件所采取的观点属性方面的变化。它是"这里"的中断，这使得现在的持续性中断成为必然。外部自然界的变化则是与植根于既定观点

中对当下之沉思的延长相容的。我想表达的观点是，保留与某
98 种持续性的独特关系，这是该持续性具有作为感官-觉察的当下
持续性之功能的必要条件。这种独特关系就是那个有感知能力
的事件与持续性之间的同步关系。同步就是对该持续性内的观
点具有连续属性的保持。它是作为感官-觉察之目标的全部自
然界内部站点身份的连续性。这种持续性自身内部可包含变化，
但是不可能——就其是一种当下持续性而言——包含其自身与
所包含的有感知能力事件的独特关系这种属性方面的变化。

换言之，知觉永远是在"这里"，并且持续性只能被断定为
是为感官-觉察而存在的，其前提条件是，它能提供一种"这里"
与有感知能力的事件有关的完整意义。正是仅仅在过去你才可
能有不同于你当下在"这里"的立足点在"那里"。

那里的事件和这里的事件都是自然界中的事实，并且存在
于"那里"和"这里"的属性不只是作为自然与心灵之关系的觉
察所具有的属性。在一种确定的"这里"的意义上，在属于"这
里"的事件持续性中，其确定的站点属性乃是同一种站点的属
性，即属于"那里"的一种确定意义上的在"那里"的事件所具
有的站点属性。因此，同步与那个因之而与相关持续性相关联的
事件的任何生物学特性无任何关系。这种生物学特性显然地是
有感知能力的事件与心灵的感知力具有独特联系所进一步需要
的条件；但是它和有感知能力的事件与该持续性的关系没有任何
关系，而该持续性则是当下被断定为揭示感知力的全部自然界。

假如给定了这种必要的生物学特性，该事件因具有有感知
能力的事件特性，就会选择该持续性，而该事件的有效的过去

由于这种持续性实际上在精确的观察界限内就是同步的。也就是说，在自然界在那里所提供的可供选择的时间系统内部，将会有一个时间系统具有持续性，它会把最平均的同步给予该有 99 感知能力的事件所有的次要部分。这个持续性将会是由感官-觉察所断定的作为目标的全部自然界。因此，这种有感知能力的事件的特性决定着那个在自然界中直接明显的时间系统。当有感知能力的事件的特性随着自然界的流变而变化时——或者换言之，当在其流变中的有感知能力的心灵自身与该有感知能力的事件的流变一起进入另一种有感知能力的事件中时——与这种心灵的感知力有关的该时间系统也会变化。当被知觉到的大多数事件在不同于这个有感知能力的事件的持续性中是同步的时，这种感知力也可能会包含双重的同步意识，亦即那个观察者在那列在"这里"的火车上的整体意识，和大树、桥梁和电线杆确定地在"那里"的整体意识。因此，在某些环境的知觉中，被区分出来的事件可断定它们自身的同步关系。当被知觉到的事件与之同步的持续性是与作为当下全部自然相同的持续性时——换言之，当这个事件与有感知能力的事件对同一个持续性是同步的时，——这种同步的断定尤其是明显的。

我们现在准备考虑持续性中站点的意义，站点在其中是独特的路径，它界定着相关的永恒空间中的绝对位置。

然而，这里还要做一些初步的说明。当有限事件是持续性的一部分，并且被位于该持续性中的任何时刻相交时，这个持续性可以说在整个持续性中是广延的。这类事件随着该持续性而开始，并随之而终结。进一步而言，每一个随着该持续性开始并随之而终结的事件会广延到整个持续性之中。这是以事件的连续性为基础的公理。我所说的"随持续性开始并随之而终结"的意思是指,(1)事件是持续性的组成部分,(2)持续性起初的和最后的边界时刻覆盖着该事件边界上的某些事件-粒子。

每一个与持续性同步的事件在那个持续性中从头到尾具有广延性。

认为与持续性同步的事件的所有部分也是与该持续性同步的,这种观点是不真实的。同步关系可能在这两个方面的哪一个方面都不成立。不成立的理由之一可能是,这个部分并不在全部持续性中有广延性。在这种情形下,该部分可能是与另一个给定的持续性之一部分的持续性是同步的,虽然它与这个给定的持续性本身不是同步的。而如果它的存在在该时间系统中可足够地延长,这样的部分将是同步的。不成立的另一理由则源于四维的事件广延性,因而这些事件在线性系列中并没有确定的转变路径。例如,地铁隧道是某个时间系统中的静止事件,也就是说,它与某个持续性是同步的。在其中通行的火车是该隧道的一部分,但其本身不是静止的。

如果事件e与持续性d是同步的,并且d'是作为d的一部分的任何持续性。那么,d'就属于作为d的相同时间系统。并且d'与e会在作为e的一部分并且与d同步的事件e'中相交。

设P是位于既定持续性d中的任何事件-粒子。思考P位于其中并且是与d同步的事件的集合。每一个这样的事件都占有着其自身的事件-粒子集合。这些集合将会有共同的部分,也就是,位于它们所有之中的事件-粒子的类。这一类事件-粒子就是我所说的事件－粒子P在持续性d中的"站点"。这是轨迹特性之中的站点。站点也可以根据抽象元素的特性来定义。设属性σ是抽象集合具有的属性的名称,条件是(1)这个抽象集合的每一个事件与持续性d是同步的,(2)事件－粒子P位于其每一个事件之中。这样σ素数群,由于在这里σ具有这个含义,就是抽象元素并且是P在作为抽象元素的d之中的站点。由 P在作为抽象元素的d中的站点所覆盖的事件－粒子的轨迹,就是 P在作为轨迹的d中的站点。站点因而具有通常的三个特征,即它的位置特征,它作为抽象元素的外在特征,以及它的内在特征。

　　根据静止的独特属性可以得出,属于同一持续性的两个站点不可能相交。因此,持续性站点上的每一个事件－粒子,都有该站点作为其自身在那个持续性中的站点。此外,作为给定的持续性之一部分的每一个持续性,都会与作为其自身站点的轨迹中那个给定持续性的站点相交。通过这些属性,我们能利用一个族——也就是,一个时间系统——的持续性重叠来无限地向前和向后延长这些站点。这类被延长的站点将被称作"点径"(point-track)。点径是事件－粒子的轨迹。它是参照一个独特时间系统譬如α来定义的。与其他任何时间系统相对应,这些将是不同的点径群。每一个事件－粒子将位于隶属任何一个时间系统的该群唯一的一个点径。时间系统α的点径群是α的永恒空间的点群。每一个这样的点都表示同α相关的族的持续性的绝对位置所具有的某种属性,因而也是关于位于α的连续时刻中有关联的瞬时空间的某种属性。α的每一个时刻都将同唯一的事件－粒子之中的点径相交。

时刻与点径的唯一相交这种属性不会局限于如下情形：即这个时刻和点径属于相同时间系统的情形。点径上的任何两个事件-粒子都是按顺序排列的，因此，它们不可能位于同一个时刻中。相应地任何时刻都不可能只与一个点径相交，并且每一个时刻都会与一个事件-粒子上的点径相交。

102　　处在α连续时刻上的人也应当在这些事件-粒子上，其中这些时刻与α的给定点相交，并会静止在α时间系统的永恒空间之中。但是，在属于另一时间系统的任何其他永恒空间中，他将会在该时间系统的每一连续时刻中的不同点上。换言之，他将会移动。他将以具有一致速度的直线移动。我们可以把这个情形当作直线的定义。也就是说，在时间系统β空间中的直线是β中这些点的轨迹，它全部与作为某种其他系统的空间中那些点的某一个点径相交。因此，在时间系统α的空间中，每个点都与任何其他时间系统β空间中的唯一直线相交。进一步说，β空间中的直线集合，由于因此而同α空间中的点相联，就构成了β空间中平行直线的完全族。因此，α空间中的点与β空间中平行直线的某个确定族的直线具有一对一的关联。相反，β空间中的点与α空间中平行直线的某个族的直线具有类似的一对一关联。这些族将分别地称作与α相关联的β中的平行线族，和与β相关联的α之中的平行线族。由β中的平行线族所表示的β空间中的方向将被称作α在β空间中的方向，α空间中的平行线族则是β在α空间中的方向。因此，在α空间的点上静止的存在将会一致地沿β空间中的线移动，而这条线是在β空间中α方向上的，并且在β空间点上静止的存在将会一致地沿着α空间中的直线移动，这条线是在α空间中β方向上的。

我至此一直在谈论的是同时间系统有关联的永恒空间。这些空间是物理科学的空间和作为永恒的和不变的任何空间概念的空间。但是,我们实际上知觉到的东西,是对由位于同我们的觉察相关的时间系统某个时刻之内的事件-粒子所表示的瞬时空间的近似值。这类瞬时空间中的这些点就是事件-粒子,其中的这些直线就是我所定义的直线。设时间系统命名为α,并且设我们对自然界的快速知觉所接近的时间系统α的时刻叫作M。α空间中的任何直线r是点的轨迹,并且每个点都是作为事件-粒子之轨迹的点径。因此,在所有事件-粒子的四维几何中,都有某个二维轨迹,它是位于直线r上那些点上的所有事件-粒子的轨迹。我将称这个事件-粒子轨迹叫作直线r的矩阵(matrix)。矩阵同直线上的任何时刻都会相交。因此,r的矩阵同直线ρ中的M时刻相交。因此,ρ是M中的瞬时直线,它在M时刻上占有着α空间中的直线r。因此,当一个人在瞬间看到某个移动的存在及其之前的路径时,这个人实际上所看到的是位于直线ρ之上的某个事件-粒子A之上的存在,该直线是建立在一致运动假设上的明显路径。但是,现实的直线ρ作为事件-粒子的轨迹,则从来没有被这个存在越过。这些事件-粒子是随瞬时时刻而通过的瞬时事实。真正被穿过的东西是其他事件-粒子,它们在连续的时刻占有着α空间中的这些相同点,正如那些被直线ρ之上的事件-粒子所占有的点一样。例如,我们看到一条道路广延出去,一辆卡车在沿路而行。我们在瞬间看到的这条路是直线ρ的一部分——当然只是近似于它。这辆卡车是移动的客体。但

103

是,所看到的这条路从来没有被卡车越过。它之所以被认为是越过了,这是因为后来事件的内在特征一般地说与那个瞬间被看到的道路的内在特征太相似了,因而我们不愿麻烦去区分它们。但是,假设在这一辆卡车到达那里之前,这条路地面下有一颗地雷爆炸了。那么十分明显,这辆卡车就不会越过我们一开始看到的道路了。假设这辆卡车静止在β空间中。那么,α空间的直线r就是在α空间的β方向上,并且直线ρ所代表的就是α空间中的直线r的M时刻。在M时刻的瞬时空间中ρ的方向就是β在M中的方向,其中M是时间系统α的时刻。同样,α空间的直线r的矩阵也将是β空间中某条线s的矩阵,它将是在β空间中α的方向上。因此,如果这辆卡车停在位于直线r之上α空间中某个点P上,它此时就是沿β空间的直线s在移动。这就是相对运动理论;其共同的矩阵是联系α空间中β的运动与β空间中α的运动的纽带。

运动在本质上是自然界中某个客体和某一时间系统中一个永恒空间之间的关系。瞬时空间是静止的,是与处于某个瞬间上的静止自然界相关联的。在知觉中,当我们看到移动的事物接近于瞬时空间时,未来的运动路线作为直接地被知觉到的东西就是绝不可能被越过的直线。这些近似的直线是由诸多小事件构成的,也就是由近似的路径和事件-粒子构成的,它们在移动的物体到达它们那里之前就消失了。假设我们对以直线围起来的运动的预测是正确的,这些直线就是占有着被越过的永恒空间的直线。因此,这些直线就是未来的直接感官-觉察中的符号,它们只能根据永恒空间来表达。

我们现在开始探讨垂直的基本特性。考察两个时间系统α

和β,每个系统都具有其自身的永恒空间以及具有其自身的瞬时空间的瞬时时刻。设M和N分别地是α的时刻和β的时刻。在M中存在着β方向,而在N中存在着α方向。但是,M和N,由于是不同时间系统的时刻,会相交在一个水平面上。可称这个水平面为λ。那么λ就是M的瞬时空间中的瞬时平面,同时也是N的瞬时空间。它是位于M和N这两者之中的所有的事件-粒子的轨迹。

在M的瞬时空间中,水平面λ是垂直于M中β方向的,并且在 105 N的瞬时空间中,水平面λ是垂直于N中α方向的。这是构成垂直定义的基本属性。垂直的对称性是两个时间系统之间相互关系的对称性的特例。我们在下一讲中会发现,正是根据这种对称性,才可推导出全等理论。

任何时间系统的永恒空间中的垂直理论,直接地来源于其每一个瞬时空间中的这种垂直理论。设ρ是α的M时刻中的任何直线,并且设λ是与ρ垂直的M中的水平面。α空间的这些点所组成的轨迹,由于同ρ之上的事件-粒子中的M相交,就是α空间的直线r。并且α空间的这些点的轨迹,由于同λ上的事件-粒子中的M相交,就是α空间的平面l。那么平面l就是与直线r相垂直的。

以此方式,我们就指明了自然界中与垂直相一致的唯一确定的属性。我们将会看到,定义垂直性的确定而独特的属性,这个发现在全等理论中是至关重要的。这将是下一讲的主题。

我感到遗憾的是,在这个演讲中我不得不处理这么多的四维几何问题。但我并不为此而道歉,因为自然界就其最基本的方面来看是四维的,对这个事实我实际上负不了责任。事物是其所是;并且隐瞒如下事实是无用的:"事物的本来面目"常常是非常难以为我们的理智所跟上的。试图逃避这一类障碍,那不过是对终极问题的回避而已。

第六章　全等

这一讲的目的是要建立全等理论。同时大家一定要明白，全等是个有争议的问题。它是关于空间和时间的测量理论。这个理论表面上看很简单。事实上，就国会用法案所确立的标准程序来看，它确实是很简单的；因而把它归之于形而上学难题几乎是一种罪过，这个问题绝不会交给任何一届英国国会去评判。但是，这个方法是一回事，而它的意义则是另一回事。

首先，我们集中注意力考察一下这个纯数学问题。当两个点A和B之间的线段与两个点C和D之间的线段全等时，这两个线段的长短测量就是相等的。数字测量的属性和两个线段的全等并不总是可以清楚地区分的，并且它们是根据相等的术语而被整合在一起的。但是，这种测量方法是以全等为预设前提的。例如，可用一个码尺连续地测量房间地板上两对点之间的两个距离。测量程序的本质就在于，当码尺从一个位置移到另一个位置时，码尺本身则是保持不变的。某些物体在移动时可能会有变化——例如，松紧带；但是，码尺如果用适当的材料制造则不会改变。什么是这种唯一地适用于码尺的连续位置系列的全等判断呢？我们知道，码尺不会改变乃是因为我们把它判断为在各个不同位置上,它都全等于其自身。而在那个松紧带情形中,我们则能观察到不存在这种自我全等。因此,对全等的直接判断是以测量为前提的,并且测量的过程只是把对全等的认可扩展到这些直接判断不可获得的情形中去的程序而已。因此,我们不可能通过测量来定义全等。

在关于几何公理的现代说明中,规定了线段之间的全等关系应当被满足的某些条件。它所假定的是我们有完整的关于点、直线、平面和平面上的点的次序理论——事实上,这是个完整的关于非度量的几何理论。我们随后探究全等理论,并且规定了条件的集合——或者如它们被称呼的那样叫作公理——即这些关系所满足的那些条件的集合。随后又证明了存在着可替代的关系,这些关系同样可很好地满足这些条件,并且证明在这种空间理论中不存在任何内在的东西,能让我们采用这些关系中的任何一种,而不是采用其他关系,来作为我们采用的那个全等关系。换言之,就内在的空间理论而言,有一些其他可选择的可度量几何学,它们也都有平等的存在权。

法国伟大的数学家彭加勒坚持认为,我们在这些几何学中的现实选择纯粹是由习惯(Convention)指引的,而改变选择的后果只不过是改变我们对自然界的物理规律的表达方式而已。我所理解的彭加勒说的"习惯"是指,在自然界中无任何内在固有的东西能对这些全等关系中的任何一个关系赋予任何独特的作用,并且对一个独特关系的选择是由在感官-觉察另一端的心灵的意志力所指引的。指引的原则是理智的方便,而不是自然的事实。

　　这个立场被许多彭加勒解释者误解了。他们把其混同于另一个问题,也就是说,由于观察的不精确性,在关于测量的比较方面不可能做出精确的陈述。由此推出的结论是,密切相关的全等关系的某个子集可以这样来安排:其中每一个成员都与关于被观察到的全等陈述完全一致,此时该陈述被恰当地限制在其自身的差错界限之内。

　　这是一个完全不同的问题,并且它是以拒斥彭加勒的立场为前提的。在全等的全部关系方面自然界的绝对不确定性由此就被关于这些关系的较小子群的观察的不确定性所取代了。

　　彭加勒的立场是一种强立场。他实际上挑战的是,任何人都无权指出自然界中有哪一种因素可赋予人类实际上所接受的全等关系以优越地位。但是,不可否认的是,这个立场完全是个悖论。伯特兰·罗素针对这个问题与他进行过辩论,并指出根据彭加勒的原理,自然界中没有任何东西可以决定地球大于或小于某个特定的台球。彭加勒回答说,试图在自然界中为选择空间中确定的全等关系找到理论,就像试图在大海上通过数船员人数和观察船长眼睛的颜色来确定一艘船的位置一样。

　　根据我的见解,这两位辩论者都是正确的,只要假设了讨论所依据的根据就行。罗素实际上指出了除稍微不精确以外,在我们的感官-觉察给我们断定的自然因素里有确定的全等关系。彭加勒追问的信息是关于自然界中的某个因素的信息,这个因素可导致任何特殊的全等关系能在感官-觉察所断定的因素中发挥卓越的作用。假定你承认唯物主义的自然理论,我就不可能看到关于这些争论的任何一个答案。根据这个理论,处在空间中某个瞬间的自然界是独立的事实。因此我们不得不寻找瞬时空间中我们那卓越的全等关系;而当彭加勒说建立在这个假设之上的自然界无助于我们发现它时,他无疑是正确的。

109　　　另一方面,当罗素断言,作为一个观察事实,我们确实发现了它,并且更为一致的是可发现同样的全等关系时,他的主张是同样强有力的。以此为基础,所有的人只要无任何可信的理由,就应当赞成把注意力仅仅集中于需要关注的那些无数不可区分的竞争者中的一种全等关系,这是人类经验最超乎寻常的事实之一。人们本应该预料到,对于国家分裂和出卖家人这种根本的选择会有不同意见。但是,直到19世纪结束,一些数学哲学家和哲学数学家才发现这个难题。这种情形不像我们在诸如三维空间这种基本自然事实上的一致。如果空间只有三维,我们就应当期望所有的人都能觉察到这个事实,正如他们对之所觉察的那样。但是在全等情形中,人们则同意任意地解释感官-觉察,因为此时在自然界中并没有任何东西可引导这种解释。

　　我正在向诸位阐述的这种自然理论,我不认为对它的介绍无关紧要,因为它对这个难题提供了一种解决方法,也就是指出了自然界中有一种因素,这种因素会导致一种全等关系优越于无数的其他这类关系。

　　做出这一结论的理由是,自然界不再被局限于处在瞬间上的空间。空间和时间现在是相互联系的;并且时间的这种独特因素,由于在我们的感官-觉察所传递的东西中是直接地可区分的,便把其自身同空间中一种特殊的全等关系联系起来了。

　　全等是识别的基本事实的特殊例子。在知觉中,我们进行识别。这个识别不只是关于由记忆所断定的自然因素与直接的感官－觉察所断定的因素的比较。识别发生在没有任何纯粹记忆干预的当下之中。因为当下的事实是一种持续性，它具有作为其自身之组成部分的先前的和后继的持续性。在对具有流变属性的有限事件的感官－觉察中所进行的区分，也会伴随着在事件的流变中不具有的自然因素的区分。凡是流变的事物就是事件。但是，我们在自然界中发现的存在并不流变；也就是说，我们在自然界中识别出的是相同性。识别主要地不是进行比较的理智行为；它在其本质上只是能断定我们面前的自然界中不流变的那些因素的感官－觉察。例如，绿色被知觉为位于当下持续性内部某个确定的事件之中。这个绿色自始至终保持着其自身的自我同一，而事件则会流变，并因而获得了可分成一些部分的属性。而绿色斑点具有部分。但是，在谈到这个绿色斑点时，我们谈论的是具有其对我们来说成为绿色场所的特有能力的事件。而那个绿色本身在数量上是一个自我同一的存在，没有组成部分，因为它没有流变。

自然界中不具流变性的因素可被称为客体。客体有极为不同的种类，在下一讲中我们将会考察它们。

识别可反映在作为比较的理智之中。在一个事件中被识别出来的客体可以同在另一个事件中被识别出来的客体进行比较。这种比较可以是当下两个事件的比较，也可以是由记忆觉察所断定的一个事件与直接的感官－觉察所断定的另一个事件的比较。但是，并不是这些事件在进行比较。因为每一个事件在本质上都是独一无二的和不可比较的。所比较的东西是客体

110

和位于事件之中的客体关系。被当作客体之间关系的事件失去了其自身的流变，并且在这个方面其本身也是个客体。这个客体不是那个事件，而只是一种理智的抽象。同一个客体可位于许多事件之中；并且在这个意义上甚至整个事件，当被看作客体时，也能重复出现，虽然它已不是那个具有其流变以及同其他事件之关系的事件本身了。

111　　有些客体不是由感官-觉察所断定的，也可被理智所认识。例如，客体之间的关系和关系之间的关系就可能不是自然界中由感官-觉察所揭示的因素，但是，它们却是由逻辑推论所认识的必然存在的东西。因此，客体对我们的知识来说可能只是逻辑的抽象。例如，完整的事件从来没有揭示在感官-觉察之中，因此客体作为位于事件之中因而相互联系的全部客体之总和，不过是个抽象概念。此外，直角是被知觉到的客体，它可位于许多事件之中；但是，虽然成直角是由感官-觉察所断定的，但大多数几何关系却不是如此假定的。而且成直角在其能够被证明存在于那里可被知觉时，事实上它经常并没有被知觉到。因此，客体通常被认为只是感官-觉察中所直接断定的一种抽象关系，虽然它确实存在于自然界中。

　　全等线段之间的属性相同一般地说具有这种特性。在某些特殊情形中，这种属性相同可以被直接地知觉到。但是，一般地说这是通过测量过程而推论出来的，而测量则依赖于我们对所选择情形的直接的感官-觉察，以及根据全等的传递特性所做出的逻辑推论。

　　全等依赖于运动，并因而产生了空间全等和时间全等的联系。沿直线的运动围绕这条线具有对称性。这个对称性是通过这条线与同它正常的平面族的对称几何关系而表达出来的。

此外，运动理论中的另一种对称性则产生于如下事实：β的各点之中的静止同沿α空间中确定的平面直线族的一致运动是对应的。我们必须注意这三个特征：（1）运动的匀速性，它对应于沿α中相关直线的任何β的点；（2）速度的大小相等，这个速率是沿着同β的各种点中的静止相关的α的各种直线的速度；（3）这个族的直线具有平行性。

112

我们现在有了平行理论、垂直理论和运动理论，根据这些理论，我们可以建构全等理论了。需要记住的是，任何时刻中的平行平面族都是平面族，其中那个时刻被某个其他时间系统中的时刻族相交。此外，平行时刻族就是某一个时间系统的时刻族。因此，我们可以扩大我们的平行平面族概念，以便包含一个时间系统的不同时刻中的平面。根据这个扩大的概念，我们就可以说，α时间系统中一个完全的平行平面族，就是完全的平面族，其中α的时刻与β的时刻相交。这个完全的平行平面族明显地也是位于β时间系统的时刻之中的族。通过引入第三个时间系统γ，就可获得平行的直线。同时，任何一个时间系统的所有的点会构成一个平行点径族。因此，在事件-粒子的四维流形中有三种平行四边形。

在第一种平行四边形中，两对平行边都是成对的矩形。在第二种平行四边形中，一对平行边是一对矩形，另一对则是一对点径。在第三种平行四边形中，两对平行边都是成对的点径。

第一个全等公理是任何平行四边形的对边是全等的。这个公理可使我们分别地比较或者在平行矩形或者在同一个矩形上的任何两个线段的长度。同时，还会使我们比较或者在平行点径上或者在同一点径上的任何两个线段的长度。从这个公理可以推出，在时间系统β的任何两个点上静止的两个客体都是在以沿平行线的任何其他时间系统α中的相等速度在运行。因此，我们可以不用具体说明β中任何特殊的点而谈论由时间系统β造成的α中的速度。这个公理也能使我们测量任何时间系统中的时间；但是，这个公理不能使我们比较不同时间系统中的时间。

　　第二个全等公理关涉到全等基数和相同平行线之间的平行四边形，它们也有其自身的其他成对的平行边。这个公理断定，把对角线相交的两个事件-粒子连接起来的矩形是与这些基线位于其上的矩形相平行的。借助这个公理，就可很容易地推论出平行四边形的对角线是相互交叉的。

　　全等可通过两个依赖于垂直性的公理而在任何空间内扩展到平行矩形以外所有的矩形。这些公理的第一个公理，即第三个全等公理，就是如果ABC是任何时刻中的矩形的三角形，并且D是底线BC的中间事件-粒子，那么当且仅当AB全等于AC时，经过与BC垂直的D的水平线就包含了A。这个公理显然地表达了垂直的对称性，并且是著名的作为公理来表达的"笨人难过的桥"的本质。

　　依赖垂直性的第二个全等公理和第四个全等公理是，如果r和A是矩形，并且在同一个时刻中的事件-粒子和AB、AC是一对在S和C中与r相交的矩形时刻，AD和AE是另一对与r相交的矩形时刻，那么或者D或者E就存在于BC线段中，而这一对中的

113

另一个则不在这一线段中。同时作为这一公理的特殊情形，如果AB与r垂直并且其结果中AC与r平行，那么D和E就分别地位于B的对边。借助于这两个公理，全等理论就可以得到扩展，因而能比较任何两个直线上的线段长度。因此，欧几里得的空间度量几何就可得以完全地建立起来，不同时间系统的空间中的长度，作为确定的自然属性就成为可比较的了，它表示的正是那种特殊的比较方法。

不同时间系统中的时间测量的比较要求两个另外的公理。114 第一个这样的公理，即第五个全等公理，可被称为"运动对称"公理。它所表达的是时间和长度在两个系统中以全等单位来测量时，两个时间系统之间的数量关系对称。

这个公理可以解释如下：设α和β是两个时间系统的名称。由于静止在β点中而造成的α空间中的运动方向可叫作"α中的β方向"，而由于点中的静止而造成的"β中的α方向"可叫作"β中的α方向"。考察一下如下运动：它处在由α中β方向上的某种速度所构成的空间之中，并且某种速度与之成直角。这个运动表示的是另一时间系统——可称之为π——的空间中的静止。π中的静止通过β中α方向的某个速度也可表现在β空间中，并且某个速度与这个α方向成直角。因此，α空间中的某一速度是与β空间中某一速度相关的，因为两者都表示同样的事实，这一事实也可由π中的静止来表达。现在另一个时间系统，我称之为σ，也可被发现是这样的系统，因而其空间中的静止是通过与沿着并垂直于β的α方向同样大小的速度来表达的，因为α中的这些速度是沿着并垂直于β方向的，它表示的是π中的静止。其所要求的运动对称公理是，σ之中的静止将会通过沿着并垂直于α中β方向的相同速度来表达，因为β中的这些速度沿着并垂直于表示π中的静止的α方向。

这个公理的特殊情形是，相对速度是相等且相反的。也就是说，α中的静止是通过沿着α方向的速度而表现在β中的，这个速度等于沿着表现β之中的静止的α中的β方向的速度。

最后，第六个全等公理是全等的关系是可传递的。只要这个公理可运用于空间，它就是多余的。因为这个属性来自于我们前面的公理。然而，它对于时间作为运动对称公理的补充则是必要的。这个公理的含义是，如果系统α的时间单位与β系统的时间单位是全等的，并且β系统的时间单位与系统γ的时间单位是全等的，那么α与γ的时间单位也是全等的。

根据这些公理公式可以推导出测量的转换公式，即从一个时间系统中对自然事实做出的测量，可以转换为在另一时间系统中对相同自然事实做出的测量。可以发现，这些公式中包含着一个任意常数，我称之为k。

它是关于速度平方之维的常数。因此，有四种情形发生。在第一种情形下，k是零。这个情形产生的是与经验的元素传递相反的无意义的结果，所以我们把这种情形放在一边存而不论。

在第二种情形下，k是无限的。这个情形会产生相对运动中的普通转换公式，也就是说，在每一本讨论力学的初等著作中都可找到的公式。

在第三种情形下，k是负的。设我们称之为$-c^2$，这里c是速度之维。这个情形会产生转换公式，即拉莫尔（Larmor）发现的麦克斯韦电磁场方程组的转换公式。这些公式由洛伦兹（H. A. Lorentz）扩展了，并被爱因斯坦和明可夫斯基用作他们新创的相对论的根据。我现在不打算谈论爱因斯坦最近提出的广义相对论，他根据这一理论推导出他对引力定律的修正。如果这种情形可用于自然界，那么c就一定是与真空中的光速非常接近的。也许它就是这种实际速度。在这个联系中，"真空"不一定是指不存在事件，也就是说没有普遍存在的事件以太。它一定是指不存在某种类型的客体。

在第四种情形中，k是正的。设我们称之为h2，其中h是速 116度之维。这便提供了一种完全可能的转换公式，但其并不是一个可解释经验事实的公式。它还有另一个劣势。由于第四种情形的假设，空间和时间之间的区分变得过分模糊不清了。这些演讲的总的目的就是要强化空间和时间起源于共同的根源，并且经验的终极事实就是关于时－空事实的学说。但是，毕竟人们并没有严格地区分空间和时间，并且正是由于这种严格的区分，这些演讲中所提出的学说显得有点自相矛盾。现在，根据第三种假设这种严格区分被适当地保存下来。在点径和时刻的属性之间存在着基本的区分。但是，根据第四种假设，这种基本的区分就不见了。

既不是第三种也不是第四种假设能够同经验相一致，除非我们假定第三种假设的速度c和第四种假设的速度h同日常经验的速度相比极大。如果情形是这样，这两种假设的公式显然地将被缩小为非常接近于第二个假设的公式，即通常的力学教科书中的公式。为了称呼方便，我称这些教科书公式为"传统"公式。

关于传统公式的一般近似的正确性，不可能有什么问题。若要对此提出怀疑，那只能是愚蠢的表现。但是，承认这一点绝不能解决这些公式的地位是否具有确定性的问题。时间和空间的独立性是传统思想的毫无疑问的前提，它已经产生了这种传统的公式。由于这个假设和既定的一个绝对空间的绝对点，这种传统公式便是直接的推演结论。因此，这些公式在我们的想象中呈现为不可能是其他样子的事实，即时间和空间成为它们是其所是的本来样子。这种传统公式因而获得了在科学上不能被质疑的必要地位。任何以其他公式来取代这些公式的企图都会抛弃这种物理说明的作用，并会诉诸纯粹的数学公式。

但是，即使在物理科学中，围绕这个传统公式所产生的困难也逐步地累积起来。首先是麦克斯韦的电磁场方程组对传统公式的转换来说不是不变的；然而假设速度c与著名的电磁常数是相同的，那么这些方程对产生于上述四种情形中第三种情形的公式转换则是不变的。

此外，为了探测地球在其轨道上通过以太的运动是否会有变化，人们做了一些精确实验。这些实验所产生的无用结果可以根据第三种情形的公式直接地予以说明。但是，如果我们假设了传统公式，我们就不得不对物质在运动期间的收缩做出特别的和任意的假设。我指的是菲茨杰拉德-洛伦兹假设。

最后，表示运动介质中光速变化的菲涅尔牵引系数可用第三种情形的公式来说明，并且如果我们用传统公式的话，那就会要求另一种任意假设。

所以，根据纯物理的说明，与传统公式相比较，第三种情形的公式似乎有优势。但是,这条路由于根深蒂固地相信这些后来的公式拥有必然的特征而被封死了。所以,现在迫切地需要物理科学和哲学批判地考察这种假设具有必要性的根据。唯一令人满意的探究方法是求助于我们关于自然知识的第一原理。这就是我在这些演讲中竭尽全力想做的事情。我所追问的是,我们在关于自然界的感官－觉察中究竟觉察到了什么。接着,我进一步考察自然界中的这些因素如何引导我们把自然界知觉为占有空间和在时间上有持续的东西。这一方法引导着我们去探究时间和空间的特性。从这些探究中我们得出的结论是,第三种情形的公式和传统公式有可能是同一层次的产生于我们关于自然界的知识的公式。因此,传统公式便失去了任何对这一系列公式具有优势的特性。道路也因而被打通了,人们可以把这两组公式中的任何一组当作最符合观察的公式。

我利用这个机会把我的论证过程暂停片刻,并反思一下我的学说归之于某些熟悉的科学概念的一般特性。我丝毫不怀疑你们当中有一些人会感到,从某些方面看这个特性是自相矛盾的。

这种自相矛盾的特性部分地是由于如下事实,即与这种流行的传统理论相一致的教学语言已经形成了。因此,我们在阐释某种替代理论时,被迫使用要么是奇特的术语,要么是熟悉的术语但却具有不同寻常的意义。传统理论在语言上取得的这一胜利是很自然的。事件通常是根据位于其中的显著的客体来命名的,因此在语言和思想中,事件沉没在这类客体的背后,成为其关系的纯粹表现。因此,空间理论被转变为客体的关系理论,

118

而不是事件的关系理论。但是，客体并没有事件的流变性。因此，空间作为客体之间的关系缺乏任何与时间的联系。它是处在瞬间的空间，处在连续瞬间之中的空间之间则没有任何确定的关系。它不可能是一个永恒空间，因为客体之间的关系在变化。

几分钟以前，在谈到传统公式对相对运动的推论时，我曾经说过它们来自于关于绝对空间中绝对点假设的直接推论。对绝对空间的这种参照并不是一时疏忽。我知道，目前的空间相对性学说在科学和哲学领域里都依然有效。但是，我认为，它的不可避免的后果并没有得到理解。当我们实际面对它们时，我所阐述的空间特性所表现出来的悖论被大大地减轻了。如果不存在绝对的位置，那么点就一定不再是简单的存在了。对于一个在热气球中紧盯仪器的人来说，他所看到的一个点，对一个在地球上用望远镜看气球的观察者来说，这个点就是一个点径，而对太阳上一位用太阳上的某种仪器观看气球的观察者来说，这个点就是另一个点径。因此，如果我由于自己关于点是事件-粒子的类，以及我认为事件-粒子是抽象集合的群这一理论所存在的悖论而受到责备的话，我就要请求我的批评者精确地说明他所说的点究竟是指什么。当你说明你关于任何事物的意义时，不管多么简单，总是容易看上去玄妙莫测，似乎是精心编造的。我至少已经精确地说明了我所说的点是什么意思，它所包含的是什么关系以及什么存在是关系项。如果你承认空间的相对性，你就必须也承认点是复杂的存在，是包含其他存在及其关系的逻辑构造。在形成你的理论时不要用一些模糊的词语表达无限的意义，而要以确定的术语来一步一步地说明那些设定的关系和设定的关系项。此外还要表明,你关于点的理论产生于空间理论。进一步还要注意气球上的那个人、地球上的那个观察者和太阳上的那个观察者。这个例子表明,关于相对静止的每一个假设都需要永恒空间,其所具有的点非常不同于根据每一个其他这类假设所产生的点。空间的相对论与关于一个永恒空间的一个独特的点集合的任何学说都是不一致的。

事实是,在我的空间性质学说中不存在任何悖论,悖论并非本质上内在于空间相对性理论中。但是,不管人们怎么说,这个学说在科学上从未被真正地接受。在我们的力学专著中现在仍然是以绝对空间中不同运动学说为基础的牛顿相对运动学说。当你一旦承认这些点对不同的静止假设是极为不同的存在时,那么传统公式就失去了它们的所有的明显性。传统公式只是因为你在实际上想到的是其他东西才是明显的。当讨论这个主题时,你只能坐在舒适的无意义方舟里躲避批评的洪水,才能避开悖论。

这个新理论提供了时间周期的全等定义,而流行观点则没有提供这类定义。它的立场是,如果我们进行这种时间测量,因而某些在我们看来是一致的熟悉速度是一致的,那么运动定律就是真实的。现在,首先,如果没有包含对时间期间的全等明确的确定性,任何变化都不会表现出是一致的或不一致的。所以,在诉诸熟悉的现象时,它允许自然界中有某种因素是我们可以在理智上构想为全等理论的。然而,除了运动定律那时是正确的以外,它对之什么也没有说。假设由于某些人的说明,我们不再提及诸如地球旋转的速率这些熟悉的速度。那么,我们就不

得不承认,除了某些假定使得运动定律是真实的以外,在时间全
等上没有任何意义。这类陈述在历史上是假的。阿尔弗雷德大
帝对运动定律一无所知,但是他非常清楚地知道他所说的时间
测量是什么意思,并通过点燃蜡烛达到了他的目的。同时在过
去的年代里,也没有任何人曾合理地证明使用沙漏中的沙子就
可以宣称,几个世纪以后就可发现有趣的运动定律,它将给沙子
是在相等时间内从沙漏中漏空的陈述赋予意义。变化方面的一
致性是直接地被知觉到的,并可由此推论出,人可在自然界中知
觉到那些时间全等理论能据以构成的因素。而流行的理论则完
全不能形成这些因素。

　　提到运动定律还会提出另一重要问题,而流行理论对此什
么也没有说,新理论对此则提供了完全的说明。众所周知,运动
定律对于你可选择来固定在任何刚体上的参考坐标轴都不是有
效的。你必须选择不转动和没有加速度的物体。例如,它们实
际上不适用于地球中固定的坐标轴,因为地球每天都在转动。
当你假设了处于静止状态的错误坐标轴时就不成立的定律是第
三定律,其作用和反作用是相等且相反的。由于错误的坐标轴,
未得到补偿的离心力和未得到补偿的合成离心力由于转动而出
现了。这些力的影响可以通过地球表面的许多事实得到说明,
比如福柯摆、地球形状、旋风和反旋风旋转的固定方向。我们很
难严肃地提出地球上这些定域现象是由那些固定的恒星的影响
所造成的。我不能说服自己相信一颗小恒星的闪烁转动了1861
年巴黎展览会上的福柯摆。当然,当确定的物理联系被证明时,
例如太阳黑子的影响,任何事情都是可信的。而这里的所有证

121

明都缺乏任何融贯理论的形式。按照这些演讲中提出的理论，运动必须参照的坐标轴是某种时间系统的空间中处于静止状态的坐标轴。例如，思考一下时间系统α的空间。在α空间中有几组静止的坐标轴。这些坐标轴是合适的力学坐标轴。此外这个空间中的一组坐标轴由于是以无旋转的匀速在运动，因而是另一组合适的坐标轴。固定在这些运动坐标轴中的所有的运动点，实际上是以匀速在追溯着平行线。换言之，它们是处于某种其他时间系统β空间中的一组固定坐标轴在α空间中的反映。因此，牛顿运动定律所需要的这一组力学坐标轴，是为了把运动归结于某一个时间系统的空间中处于静止的物体，以便获得对物理属性的融贯说明而必然导致的结果。如果我们不这样做，那么在我们的物理构造中，有一部分的运动含义就会不同于同一构造中另一部分的运动含义。因此，运动的含义按其本义而言，为了描述客体在任何系统中的运动同时又不改变你继续描述时你的术语的意义，你就必须把这些坐标轴中的一个当作参照系；虽然你可选择它们在你希望采用的任何时间系统的空间中的反映。因此，确定的物理理由就可以用来说明坐标轴力学群的独特属性。

　　根据传统理论，运动方程的位置是最为模糊不清的。它们所参照的空间完全没有得到确定，时间流逝的量度也是如此。科学只是开始了一个试探性探究，看看是否能发现某个方法可被称作空间测量和时间测量，某个东西是否可被称作力的系统和可被称作质量系统，因而这些公式就可得到满足。根据这个理论，任何人应当想要满足这些公式的唯一的理由是对伽利略、牛顿、欧拉和拉格朗日在情感上的尊重。就科学发现应当建立在坚实的观察基础上而言,这种理论迫使一切事物都只是要符合数学对某些简单公式的偏爱。

我暂时不相信这是对运动定律的实际状况所做的真实说明。这些公式需要针对新的相对性公式做某种轻微的调整。但是,由于这些调整,尽管在日常用法中没有知觉到,这些定律处理的却是基本的物理量,对此我们非常清楚地知道并希望有关联。

123　　早在这些定律被想到之前,所有的文明民族就已经知道了时间测量。正是这种如此被测量的时间才是需要关注的。此外他们处理的是我们的日常生活的空间。当我们接近于比观察的精确性高的测量的精确性时,调整是允许的。但是在观察界限内,我们知道我们所谈论的空间测量和时间测量以及变化的一致性是什么意思。科学就是要对感官-觉察中非常明显的东西给予理智的说明。在我看来完全不可相信的是,这种任何更深刻的说明都需要依赖的终极事件,是人类一直实际上是受一种潜意识欲望的统治,以满足我们称之为运动定律的数学公式,而这些公式在我们这个纪元的17世纪之前还完全不为人知。

由关于自然界的不同说明所造成的感官经验事实的相互关联,可扩展到运动的物理属性和全等属性以外。它可说明诸如点、直线和体积这类几何存在的意义,并把时间的广延和空间的广延这些类似观念联系起来。这个理论可满足自然哲学范围内理智说明的真实目的。这个目的就是要揭示自然界的内在联系,并表明自然界中的一组成分会要求揭示另一组成分的存在有何特性。

　　我们必须消除的虚假观念是把自然界当作各种独立存在的
纯粹集合,其中每一个都能孤立存在。根据这个概念,这些存在
的特性尽管能够被孤立地予以定义,这些存在却能一起出现,并
且通过它们的偶然关系还可以构成自然系统。这个系统因而是
完全偶然的;并且即使它容易遭受机械的命运,它也只是偶然遭
受之。

　　由于这个理论,空间可能是没有时间的,而时间也可能是没
有空间的。当我们获得了物质与空间的关系时,这种理论就被
公认为破产了。空间的关系理论就是要承认我们不可能知道没
有物质的空间或者没有空间的物质。但是,二者与时间的分离
或隔绝仍然被尽力地受到保护。空间中的物质各部分之间的关
系,由于对空间如何产生于物质或者物质如何产生于空间不存
在任何融贯的说明,因而仍然是偶然的事实。此外,我们在自然
界中实际上所观察到的东西,诸如颜色、声音和触觉,则是第二
性质;换言之,它们根本不存在于自然界中,而是自然与心灵之
间关系的偶然产物。

124

　　我所追求的替代这种偶然的自然观的理想是,对自然的说
明就是要使自然界中没有任何事物不是是其所是,任何东西都
只能是自然界本来样子中的成分。当下存在的整体为了区分而
在感官-觉察中被断定为被区分开来的部分,这种区分是必要
的。孤立的事件不是事件,因为每一个事件都是一个更大部分
的因素,并且对这个整体来说是有重要意义的。不可能有脱离
空间的时间,也不可能有脱离时间的空间;并且也没有脱离自然
界的事件之流变的空间和时间。思想中存在的孤立性,当我们

把它设想为纯粹的"它"时,在自然界中并没有任何相应的对应物。这样的孤立性只是理智认识过程的一部分。

　　自然规律是由我们在自然界中发现的那些存在的特性所产生的。这些存在由于是其所是,这些规律一定也是其所是;反过来说,这些存在遵循这些规律。我们要获得这种理想还有很长的路要走;但是这仍然是理论科学始终不渝的目标。

第七章　客体

接下来的演讲与客体理论有关。客体是自然界中不流变的 元素。把客体觉察为某种不具有自然界之流变的因素，我称之为"认知"（recognition）。要认知一个事件，那是不可能的，因为一个事件在本质上不同于每一个其他事件。认知是对相同性的觉察。但是，把认知称为对相同性的觉察，这意味着它是伴随判断的理智比较行为。我把理智用于感官-觉察的非理智关系，它联结着心灵与不具流变性的自然因素。在心灵经验的理智方面，存在着对被认知事物和随之而来的对相同性或差异性之判断的比较。也许"感官认知"是表述我用"认知"所指的东西的更好的术语。我所以选择这个更简单的用语，乃是因为我认为，我将能避免在"感官认知"的任何其他意义上使用"认知"。我非常愿意相信，在我所使用的意义上，认知只是个理想的界限，而在事实上并不存在不伴随理智的比较和判断的认知。但是，认知正是那种可为理智活动提供材料的心灵对自然的关系。

客体是某个事件之特性中的成分。事实上，事件的这个特性只不过是作为其自身之成分的客体，以及这些客体使自身浸入该事件之中的方式而已。因此，客体理论乃是对事件加以比

较的理论。事件只是由于它们象征着恒久才是可比较的。每当
126 我们能说"它在那里又出现了"时,我们就是在比较事件中的
客体。客体乃是自然界中可以"又出现了"的元素。

有时这些恒久性能够被证明是存在的,然而在我所使用的
认知一词的意义上却逃避了被认知。逃避认知的这些恒久性在
我们看来就是事件或客体的抽象属性。尽管在我们的感官-觉
察中不能对它们做出区分,它们依然被认知为就存在于那里。
事件的划分、自然界被分为各个部分,这都是由我们把其认知为
其成分的客体所造成的。自然界的区分乃是认知到了正在流逝
的事件中所存在的客体,它是由客体浸入它们中的模式所导致
的对自然流变、随之而来的对自然的区分和对自然某些部分的
定义所构成的混合物。

诸位已经注意到,我用"浸入"(ingression)一词是表示
客体和事件的一般关系。客体浸入事件乃是该事件根据该客体
的存在而形成自身特性的方式。也就是说,事件是其所是,乃是
因为客体是其所是;并且当我思考事件由客体来修饰时,我就称
两者之间的关系为"客体浸入事件之中"。同样真实的是可以
说,客体是它们之所是,乃是因为事件是它们之所是。自然界就
是这样一种没有客体浸入事件就不可能有事件和客体的东西。
虽然这里存在着事件,但作为其构成成分的客体则逃避我们的
认知。这些就是虚空中的事件。对这类事件我们只能通过科学
的理智探究来分析。

浸入乃是一种具有不同方式的关系。显然,存在着非常不
同且各种各样的客体;并且任何一种客体与事件之间的关系都

不可能与另一种客体具有的关系相同。我们将不得不根据不同种类的客体浸入事件的某些不同浸入方式来做出分析。

但是,即使我们坚持分析同一种客体,这种客体也有浸入不同事件的不同方式。科学和哲学长期以来一直容易使自己陷入一种头脑简单的理论,亦即客体在任何确定的时间都处在一个地方,在任何意义上都不会处在任何其他地方。这实际上是一种常识思维态度,尽管不是朴素地表达经验事件的态度。文学著作中的每一个其他句子,由于是在真正致力于解释经验事实,因而都表达着周围事件由于某一客体的在场而造成的差异。客体是全部相邻区域中的成分,并且其相邻事物是无限定的。此外,由浸入所导致的对事件的修正也容许有数量方面的差异。所以,最终事实会迫使我们承认,每一客体在某种意义上是整个自然界中的成分,尽管它的浸入可能在数量上与我们的个体经验表达是没有关联的。

无论在哲学还是科学中,承认这一点都不是新鲜的。显然,这对那些坚持实在是系统的哲学家来说乃是必然的公理。在这些演讲中,我们一直对我们所说的"实在"是什么这一深刻而又令人烦恼的问题保持距离。我一直在坚持"自然界是个系统"这一较为谦卑的论题。但是我坚持认为,在这种情况下,较小事物跟随较大事物,并且我可以要求这些哲学家们给予支持。与此相同的学说本质上在所有现代物理思辨中是交织在一起的。很久以前,即在1847年,法拉第在《哲学杂志》上一篇论文中就评论说,他的力线管理论意味着在一定意义上电荷无处不在。由每个电子的过去史造成的电磁场在每一瞬间和每个空间点上的修正，是陈述这种相同事实的另一种方式。然而，我们可以通过更为熟悉的生活事实来阐明这个学说，不必诉诸理论物理学深奥难懂的思辨。

128　　涌向康沃尔海岸的那些海浪表明大西洋中部有风暴；而我们的晚餐则证明厨师已经进入了餐厅后厨。显然，客体浸入事件之中包含着因果关系理论。我宁愿忽略浸入的这个方面，因为因果关系使我们想起关于与我自己的理论不同的自然理论为基础的那些讨论。同时我认为从这个新的方面来看这个主题，可以提出某种新观点。

　　我给客体浸入事件所提供的这些例子可使我们想到，在某些事件情形中，浸入采取了独特的形式；在某种意义上，它是更为集中的形式。例如，电子在空间中有一定的位置，并有一定的形态。也许在某个试管中，它是个极小的球体。那场风暴在大西洋中部是一场大狂风，具有一定长度和宽度，而那位厨师则是在厨房里。我将称这种特殊的浸入形式为"位置关系"；此外，根据对"场所"一词的双重用法，我将称客体位于其中的事件为"客体的场所"。因此，某个场所乃是场所关系中作为关系者的事件。此时我们的首要印象是，我们至少已经达到了关于客体实际上在哪里的简单清晰事实；并且我称之为浸入的那种更为模糊的关系不应当与场所关系相混同，仿佛把它作为某种特殊情形包含了进来。似乎非常明显的是，任何客体都处在如此这般的位置上，并且它还在完全不同的意义上影响着其他事件。也就是说，在某种意义上，客体是作为其自身场所的事件的特性，它只会影响其他事件的特性。因此，场所关系和发生影响作用的关系,这两种关系一般地说并不是相同类型的关系,因而不应当把它们归入同一个术语"浸入"之下。我相信这个概念是错误的,并且不可能在这两种关系之间划出一条清晰的界限。

例如,你的牙痛在哪儿?你去看牙医,向他指出哪一颗牙痛。他说这颗牙完好无损,并通过补另一颗牙而治好了你的牙痛。那么,哪颗牙是牙痛的场所?再如,一个人把一只手臂截掉了,但他仍会体验到他失去的那只手上的感受。他所想象的那只手的位置事实上只是稀薄的空气。你往一面镜子里看,看到一堆火。你看到的火苗在那面镜子的深处。还有,你在晚上观看天空;如果有些恒星几个小时以前消失了,你不会是任何有先见之明者。甚至行星的位置也不同于科学所说的它们的位置。

不管怎样,当你禁不住喊道女厨师就在厨房里时,如果你是指她的心灵在厨房里,我对你这种观点不赞同,因为我只是谈论自然。且让我们只考虑她的身体存在,那么,你用这个概念指的是什么?我们把自身限制在其典型的外观上。你能看到她,摸到她,并能听到她的声音。但是,我给你的这些例子表明,你所看到的那些东西的位置,你所触摸到的东西,以及你所听到的一切,所有这些东西的概念并非都是能严格分开的,以至不能进一步提出疑问。你不能坚持我们具有两套有关自然经验的观念,一套是属于被知觉客体的第一性质,另一套是作为我们的精神激动之产物的第二性质。关于自然界我们所知道的一切都在一条船上,一同沉浮。科学的各种建构只是要说明被感知事物的特性。因此,断言那位厨师是原子和电子在跳舞,这只是在断言关于她的那些可感知的事情具有某些特性而已。她的身体存在被感知到的表现显示其所在的那些位置,同这些分子的位置只有非常一般的关系,这种关系可通过对知觉环境的讨论来确定。

在讨论特殊的场所和一般的浸入之关系时,首要的要求是要注意到,客体具有极为不同的类型。对每一种类型而言,"场所"和"浸入"都具有其自身的特殊意义,这些意义不同于它们对其他类型的意义,虽然可以指出它们的联系。所以,在讨论它们时有必要决定所考察的是何种类型的客体。在我看来,客体的类型有无数个。幸亏我们不必对它们都进行思考。场所观念在关于我称之为感觉客体、知觉客体和科学客体这三种类型的客体方面,有其自身独特的意义。这些名称对这三种类型是否合适,这无关紧要,只要我能在说明我用它们是指什么意义方面继续行进即可。

这三种形式的客体形成一个逐步上升的层次结构,其中每个成员都以下面的类型为预设前提。这一层次结构的基础是由感觉客体构成的。这些客体不以任何其他类型的客体为前提。感觉客体是由感官-觉察所断定的自然因素,(1)表现在它作为客体并不具有自然的流变性;(2)它不是自然界其他因素之间的关系。它当然地将是隐含着其他自然因素的关系之中的关系者。但是,它永远是关系者,而绝不会是该关系本身。感觉客体的例子有特殊类型的颜色,如剑桥蓝,或者特殊类型的声音,或特殊类型的味道,或者特殊类型的感受。我所谈论的不是在某个确定日期、在特殊的某一秒时间内所看到的特殊蓝色斑块。这个斑块是剑桥蓝位于其中的一个事件。同样,我也不是在谈论充满音符的特定音乐厅。我的意思是指音符本身,而不是由十分之一秒的声音所充满的音量。想到这种音符本身对我们来说是自然的,但是在颜色情形中,我们很容易把它视为只是该颜色的属性。无人会认为音符是音乐室的属性。我们可以看到那个蓝色,我们可以听到那种音符。蓝色和音符二者都直接地由把心灵和自然联系起来的感官-觉察的区分来断定。这种蓝色被断定为在自然界中是与自然界其他因素有关联的。特别是它被断定为处于作为其自身场所的该事件之中的关系之中。

围绕场所关系所产生的种种困难,产生于哲学家们顽固地拒绝严肃对待多重关系这种终极事实。我所说的多重关系是指,在其出现的任何具体事例中,这种关系都必然地会涉及不只一种关系者。例如,当约翰喜欢托马斯时,只有两个关系项,即约翰和托马斯,但是当约翰把那本书给了托马斯时,这里就有了三个关系项,即约翰、那本书和托马斯。

某些哲学流派,在亚里士多德逻辑和亚里士多德哲学影响下,致力于在除了实体与属性的关系以外不承认任何其他关系的前提下进行研究。也就是说,所有显现出来的关系都可解析为与属性形成对比的实体所具有的对手性存在。十分明显,莱布尼兹的单子论乃是任何这类哲学的必然结果。如果你不喜欢多元论,那就只会有一个单子。

其他一些哲学学派虽承认关系,但是却顽固地拒绝以超出两个关系项来思考关系。我认为这个局限并不是基于任何有定势的目的或理论。它只不过产生于如下事实:当允许更为复杂的关系进入推理中时,这些复杂关系对于未经适当数学训练的人来说,乃是个麻烦事。

131

　　我必须重复一下,在这些演讲中,对于实在的终极性我们并未做任何讨论。在真正的实体哲学中,很可能只存在个别的具有属性的实体,或者只有成对关系者的关系。我相信客观情形并非如此;但是现在我不想对此进行争辩。我们的主题是自然界。只要我们把自身限定于由对于自然的感官-觉察所假定的因素,那么在我看来,这些因素之间就一定存在着多重关系,并且相对于感觉客体的场所关系来说,就是这类多重关系的一个例证。

132　　我们以一套蓝色外套为例来考察。有一件属于某运动员的剑桥蓝法兰绒外套,该外套本身是感知的客体,而其所在的场所不是我所说的场所。我们所谈论的是某人对位于某个自然事件之中的剑桥蓝的感官-觉察。他也许在直接观看那件外套。这样他就在那一瞬间把剑桥蓝和那件外套看作实际上位于同一事件之中。真实的情况是,他所看到的蓝色是由于光的缘故,而光在不可思议的极短时间之前已经离开了外套。如果他是在观看一颗呈剑桥蓝色的恒星,这种差别就是重要的了。这颗恒星可能在数天甚至数年以前就已经不存在了。其蓝色场所在那时将不会与任何知觉客体的场所(在另一种“场所”意义上)有任何密切关系。蓝色的场所与某种相联系的知觉客体之间没有联系性,这并不需要以恒星来作为具体的例证。任何一面镜子就足够了。通过一面镜子观看这件外套。此时可以看到蓝色在镜子里面。位于其场所之中的事件依赖于观察者的位置。

　　对于那种位于我称之为场所的某个事件之中的蓝色,我们会形成感官-觉察,如此一来它就成为关于如下四个因素之间关系的感官-觉察,这四个因素就是这个蓝色、观察者有感知能力的事件、场所和有干扰作用的诸事件。实际上这里所需要的是全部自然界，虽然只是某些起干扰作用的事件需要它们的特性成为某种确定的类型。蓝色进入自然界诸事件之中因而展示为具有系统的关联性。而观察者的觉察则依赖于那个有知觉能力的事件在这个系统关联中的位置。我将用"进入自然界之中"这一术语表示蓝色与自然界的这种系统关联。因此，蓝色进入任何确定的事件都是部分地陈述了蓝色进入自然界这个事实。

就蓝色进入自然界而言，这些事件可粗略地分为虽有重合而又不可清晰地分割开的四类。这四类是（1）有感知能力的事件;（2）场所;（3）能动的有条件事件;（4）被动的有条件事件。为了理解蓝色进入自然界一般事实中的这种事件分类，我们可把注意力限制在有感知能力的事件的场所，以及对这样限制的进入而言这种有条件的事件随之而来的作用。这种有感知能力的事件就是同观察者相关的肉体状态。该场所就是他看到蓝色的地方，譬如，镜子里面。能动的有条件事件就是其特性与作为该有感知能力事件的场所特别有关联的事件（它就是那个场所）的诸事件，也就是说，那个外套、镜子和作为光和空气的该房间状态。被动的有条件事件则是自然界其余部分中的事件。

一般而言，当没有镜子或其他这类可产生不正常效果的装置时，场所就是能动的有条件事件，亦即该外套本身。但是，这个镜子的例子向我们表明，这种场所有可能是一种被动的有条件事件。这样，我们就会倾向于说我们的感官被欺骗了，因为我们有权利要求这种场所在该浸入中是能动的条件。

这一要求如我所表述的那样并非是无根据的。关于自然界

133

中诸事件的特性,我们所知道的一切都是建立在分析场所与有感知能力的事件之间的关系基础上的。如果场所不是一般的能动条件,这种分析就不会告诉我们任何东西。这样一来,自然界对我们将是深不可测之谜,科学也不可能存在。因此,当场所被发现是被动的条件时,人们刚开始不满意在一定意义上是正当的;因为倘若这种事情经常发生,理智的作用就会终结了。

进一步而言,这面镜子对同一个观察者即同一个具有感知能力的事件来说,或者对其他观察者即其他有感知能力的事件来说,其本身乃是其他感觉客体的场所。因此,认为事件是一组感觉客体浸入自然界中的场所,这个事实是推定的证据,它可证明该事件是其他感觉客体浸入其他可有其他场所的自然界之中的能动条件。

这是科学所具有的源自常识的基本原理。

我现在开始讨论知觉客体。当我们看到这件外套时,我们一般地不会说,这里有一块剑桥蓝,而是会自然地说,这里有一件外套。此外,说我们看到的是一件男装,这是细节描述。我们知觉到的东西是客体,而不单是感觉客体。它不只是一块蓝色,而且还是某种东西;并且还是我们判断为外套的东西。我将用"外套"一词作为不只是一块颜色的该原初客体的名称,且没有对其作为过去或未来一件衣服的有用性这些判断的任何暗示。被知觉到的这个外套——在"外套"一词的这个意义上——就是我所说的知觉客体。我们必须探究这些知觉客体的一般特性。

一般意义上的感觉客体的场所不仅是该感觉客体相对于一种确定的有感知能力事件的场所,而且是各种各样的感觉客体相对于各种各样的有感知能力事件的场所,这是一种自然规律。例如,对任何一个有感知能力事件来说,视觉的某个感觉客体的场所也容易成为视觉的、触觉的、味觉的和听觉的感觉客体的场所。进一步说,感觉客体的这种同时出现也容易导致肉体——亦即有感知能力的事件——本身非常适应,以至在一定场所中一个感觉客体的知觉会导致在同一场所中的其他感觉客体有潜意识的感官-觉察。这种相互作用尤其是视觉和触觉的情形。触觉的感觉客体和视觉的感觉客体浸入自然界的活动之间具有一定关联,而另外一对感觉客体的浸入,其关联程度则较弱。我称这种关联为一种感觉客体通过另一种感觉客体的"传达"。当你看到蓝色法兰绒外套时,你会下意识地感到自己穿着它或者以其他方式触摸到它。如果你吸烟,你也许还会下意识地觉察到淡淡的烟草芳香味道。这种独特事实,即由对潜意识感觉客体与同一场所中一种或更多起支配作用的感觉客体同时出现这种感官-觉察所断定的事实,就是对知觉客体的感官-觉察。知觉客体主要地不是判断问题,而是感官-觉察中所直接断定的自然因素。判断元素是在我们行进到对特殊的知觉客体进行分类时所产生的。例如,我们会说"这是法兰绒",并且我们会想到法兰绒的属性及其可用来制作运动外套的作用。但是,只有在我们掌握了这种知觉客体时,所有这一切才会发生。先行判断会影响通过集中和转移注意力所知觉的知觉客体。

　　知觉客体是经验习惯的结果。与这一习惯相冲突的任何东西都会阻碍对这类客体的感官-觉察。感觉客体不是智力观念联想的产物,而是同一场所中感觉客体联想的产物。这种结果

135

不是理智上的,而是具有其自身特殊的浸入自然界之方式的独特类型的客体。

知觉客体有两类,也就是"虚幻知觉客体"和"物理客体"。虚幻知觉客体的场所是该客体浸入自然的被动条件。而且作为该场所的事件将会具有场所与唯一只对一种特殊的有感知能力事件的客体之间的关系。例如,观察者看到了镜子中蓝色外套的映象。他看到的是蓝色外套,而不只是颜色斑块。这表明,通过某个占支配地位的感觉对象传导一组潜意识的感觉客体,其主动条件存在于有感知能力的事件之中。虚幻感觉客体浸入自然界则是以肉体事件适应更为正常的显相,即以物理客体的浸入为条件的。

知觉客体在下述情况下即是物理客体:(1)其场所对任何作为其成分的感觉客体的浸入来说是积极的有条件事件;(2)这同一个事件可以成为对数量无限可能的有感知能力的事件来说是知觉客体的场所。物理客体乃是我们的感官未被欺骗时所知觉到的日常客体,例如椅子、桌子和树木。在某种程度上物理客体比感觉客体具有更为一致的知觉能力。注意到它们可在自然界中出现这个事实,乃是复杂的生命有机体生存的首要条件。物理客体具有的这种高级知觉能力造成了关于自然界的教条式的哲学,它把感觉客体只是当作物理客体的属性。这种教条式哲学观点直接地与进入我们的经验之中的大量感觉客体相矛盾,而这些感觉客体位于事件之中,与物理客体没有任何关系。例如,偶然出现的味道、声音、颜色和更为微妙和不可名状的感觉客体。若无对感觉客体的知觉,便没有对物理客体的知觉。但是,反过来说则不成立:也就是说,关于感觉客体的大量知觉并无任何物理客体知觉相伴随。感觉客体与物理客体之间的关系中缺乏这种互惠性,这对教条式哲学的自然哲学来说乃是致命的。

在感觉客体和物理客体的作用方面存在着巨大差异。物理客体的场所是以唯一性和连续性为条件的。这种唯一性是我们在思想中沿着一组抽象的持续性行进时所不断接近的理想界限,在趋于瞬时界限的过程中思考越来越小的持续性。换言之,当这种持续性足够小时,该持续性之中的物理客体的场所实际上就是唯一的场所了。

把同一个物理客体识别为处在不同事件的不同持续性中,这是由连续性的条件造成的。这种连续性的条件就是,诸事件之流变的连续性存在于两个既定事件的先前状态到后来状态,而其中每一事件都是其相应的持续性中该客体的场所。就两个事件实际上在虚幻的当下是相邻的而言,这种流变的连续性可以被直接地知觉到。否则,它就是个判断和推理的问题了。

感觉客体的场所不以任何这类唯一性或连续性为条件。在任何持续性中,不管感觉客体有多么小,都可能会有任何数量的相互分离的场所。因此,感觉客体的两个场所,不论是在同一个持续性中,还是在不同的持续性中,都不是必然地会通过任何连续的也是该感觉客体之场所的事件之流变而联系起来的。在感觉客体浸入自然界中时所包含的有条件事件的这些特性,大体上可根据位于这些事件之中的物理客体来表达。从一个方面说,这也是同义反复。因为物理客体不过是一组特定的感觉客体在一种场所中的习惯性出现。因此，当我们认识了所有物理客体时，我们就会因此而知道作为其自身组成成分的感觉客体。但是，物理客体是感觉客体出现的条件，而不是其构成成分出现的条件。例如，空气造成的事件就是其场所，而这些场所在传递声音方面又是能动的有条件事件。一方面其本身是物理客体的镜子，由于光在镜子中的反射，它们又是该镜子中颜色斑块之场所的能动条件。

因此，科学知识源于努力地根据物理客体来表达作为感觉客体浸入自然的能动条件的诸事件所具有的各种各样的作用。138 正是在这种探究的进步过程中，科学客体出现了。它们把物理客体的这些场所特性具体化了，这些特性是最恒久的，并可无须参照包括有感知能力的事件在内的多重关系而得以表达。它们的相互关系也是以某种简单性和一致性为特征的。归根结底，这些被观察到的物理客体和感觉客体的特性都可根据这些科学客体来表达。事实上，寻找科学客体的全部要义就在于努力获得对事件特性的这种简单表达。这些科学客体本身不只是计算公式；因为公式必须参照自然界中的事物，而且科学客体就是这些公式所要参照的自然事物。

科学客体，诸如确定的电子，是贯穿于全部自然界中所有事件的特性之中的系统关联。它是自然界的系统特性的一个位相或者方面（aspect）。电子并非只存在于其电荷所在的地方。电荷是由于电子浸入自然而造成的特定事件的数量特性。电子是其自身的整个力场（field of force）。也就是说，电子是用来把所有的事件修正为表达其自身之浸入的系统方法。电子在任何

小的持续性中的场所都可被界定为该事件,这一事件具有作为
该电荷的量的特性。如果我们愿意,我们也可只把电荷叫作电
子。但是,这样一来科学客体就需要另一个名称,因为这是事关
科学的充分存在,我称之为电子。

根据关于科学客体的这一概念来看,远距作用和通过介质
传递作用,作为两种相互竞争的理论,二者都是对真实的自然
过程不完全的表达。构成电子的连续系列场所的事件之流完
全是自我决定的,它既有成为该电子之系列场所的内在特性,
又有其各种成员因之而成为共有成分,并且它们的位置在其相
应的持续性中也是流动的时间系统。这是否定远距作用的基
础;也就是说,科学客体的场所流动,其进步可通过分析该流
动本身来决定。

另一方面,每一个电子浸入自然界在某种程度上都会修正
每一个事件的特性。因此,我们所思考的事件之流的特性承载着
每一个其他电子在整个宇宙中存在的标志。如果我们喜欢把这
些电子设想为只是我所说的那样是它们的电荷,那么这些电荷就
是在远距离起作用。但是,这种作用就在于修正了所考虑的其他
电子的场所。关于电荷远距离起作用这个概念完全是人为的概
念。该概念由于最充分地表达了自然界的特性,因而成为由每
个浸入自然界之中的电子所修正的每个事件的事件。以太表达
的正是对贯穿于整个空间和时间之中的事件所做的这种系统修
正。对物理学家来说,这个修正特性的最佳表达还有待于发现。
我的理论与此无关,并且时刻准备着接受物理研究的任何结果。

客体和空间的联系需要做出阐释。客体位于事件之中。场

139

所关系对每一客体都是不同的关系，并且在感觉客体情形中，它还不可能被表达为两项关系。对这些不同类型的场所关系而言，也许使用不同的词语比较好。然而，从我们在这些演讲中的目的上看，我们没有必要这么做。然而必须明白的是，当谈到场所时，就是在讨论某一种确定的类型，并且也可能碰巧这个论证可能不适合另一种类型的场所。然而在所有的情形中，我使用场所表达的是客体与事件之间的关系，而不是客体与抽象元素之间的关系。客体与元素之间存在着派生关系，我称之为地点关系；并且当这个关系成立时，我可以说，客体位于抽象元素之中。在这个意义上，客体可能位于时间的瞬间、空间的容积之中，如一个区域、一条线或者一个点上。与每一种场所相对应，都存在着独特类型的地点；并且地点在每一种情形下都是以一定方式从相应的场所关系中派生的。对此我会进一步说明。

此外，在某个时间系统的永恒空间中的地点，乃是由同一时间系统里瞬时空间中的地点所派生的关系。因此，瞬时空间中的地点乃是我们必须首先予以说明的观念。自然哲学中之所以会产生重大混乱，乃是因为忽略了不同类型的客体、不同类型的场所、不同类型的地点以及地点和场所之间的区别所造成的。若是看不到这些区分，就不可能根据模糊的客体及其位置精确地进行推理。客体位于抽象元素之中，当属于该元素的抽象集合可能这样存在时，属于该集合的每一事件都是该客体的场所。需要记住的是，抽象元素乃是特定的一组抽象集合，并且每一个抽象集合都是事件的集合。这个定义界定了元素在任何类型的抽象元素中的地点。在这个意义上，我们可以谈论客体在瞬间上的存在,意思是指其地点由此而位于某个确定的瞬间。它也可以位于该瞬间的瞬时空间中某个空间元素上。

某个量可以说位于抽象元素之中,条件是:属于该元素的抽象集合,其存在可使得其事件的相应特性的数量表达收敛于作为既定数量界限的测度标准,此时我们可沿着该抽象集合达到其收敛端。

通过这些定义,就可以界定瞬时空间元素中的地点。这些元素占有着无时间的空间中相应的元素。位于瞬时空间元素中的客体也可说是位于由该瞬时元素所占有的该无时间空间的无时间元素的该瞬间中。

并非每一个客体都能位于瞬间之中。位于每一个持续性瞬间中的客体,可被称为贯穿于该持续性之中的"一致"客体。日常的物理客体向我们显现为一致客体,我们习惯于假定科学客体例如电子是一致的。但是,某些感觉客体确实不是一致的。调子就是不一致客体的一个例证。我们把它知觉为某个特定持续性中的整体;但是,调子作为调子并非该持续性的任何瞬间,尽管个体音符的某一个音符可能存在于那里。

所以,对某种客体例如电子来说,它可能需要最小量的时间。某个此类假设显然地是由现代量子论来表示的,并且它与这些演讲中所坚持的客体学说是完全一致的。

此外,电子作为其场所的单纯量的电荷,和电子代表着客体浸入整个自然界,这两者是截然不同的,这个例子表明自然界中所存在的客体类型在数量上是无限的。我们在智力上甚至能区分越来越微小玄妙的客体。这里我使用微小玄妙的含义是指与对感官–觉察的直接领悟完全不同。生命复合体的演化意味着被直接感觉到的这类客体会增加。感觉领悟的敏感性意味着把客体知觉为不同的存在,对比较原始的感觉而言,它们只是微妙的观念而已。音乐的分节对不辩音律的人来说只是抽象的微妙感而已;而对初识音律的人则是直接的感觉领悟。例如,如果我们能想象某些低级种类的有机物在思考和觉察我们的思想,它就会对我们在思考石头、砖块、水滴和植物时沉溺于这些抽象的微妙性感到惊奇。它只知道自然界中这些模糊的无差别感受。

142 它会认为我们把自己交付给了这些过度抽象的智力游戏。但是,在那里它就会思考,就会预测;而如果它预测,就会很快知觉到其自身。

在这些演讲中,我们仔细地考察了自然哲学的各种基础。我们此时所站立的地方,正面向着无边无际的探究海洋,我们在这里可提出无数的问题。

我承认,我在这些演讲中所坚持的自然观并非简单易懂。自然界表现为一个复杂系统,它的诸多因素是被我们模糊地识别出来的。但是,正如我向诸位提出的那样,这不正是其真相吗?每个时代都骄傲地自认为它终于碰巧发现了那些可用来阐述所发生的一切的终极概念,对于这种自满的确信,我们难道不应当怀疑吗?科学的目的乃在于寻求对复杂事实做出最简单的说明。因为简单性是我们追求的目标,所以我们很容易陷入这样的错误认识,即:误认为这些事实本身就是简单的。在每个自然哲学家的生命中,引导其前进的座右铭应当是:寻求简单性,但要怀疑它。

第八章 总结

人们通常认为，爱因斯坦的探究有一个根本的优点，这就是 它能免遭我们有可能对其提出的任何批评。这些批评会促使我们思考。但是，迄今为止即使我们承认这一点，我们大多数人仍面临着令人困惑的难题。我们应当思考什么呢？在今天下午这个演讲中，我的意图就是要直接面对这一难题，并且我要尽可能地对科学思想背景中所发生的各种变化提出清晰的见解，而这些变化是对爱因斯坦主要立场的任何接受（不管如何加以限制）都是必不可少的。我知道自己是在给化学学会的成员做演讲，你们中大部分人对高等数学并不是十分精通。我要诸位了解的首要一点是，与你们直接相关的主要不是这个新理论的详细推论，而是接受这个新理论导致的科学概念背景中所出现的一般变化。当然，详细推论是重要的，因为除非我们的同仁天文学家和物理学家发现这些预言可以得到证实，否则，我们就可以完全忽略这种理论。但是，我们现在可以把它当作理所当然的，即在许多引人注目的特殊事例中，都可发现这些推论与观察是一致的。因此，我们必须严肃地对待这一理论，并且渴望知道我们最终接受了它会产生什么结果。进一步说，在最近几个星期内,各种科学杂志和非专业出版社发表了大量的文章,阐述了人们所做的这些判决性实验的性质,以及更为引人注目的是表现这种新理论的结果。"空间发生弯曲了"出现在一家知名晚报的新闻栏目中。这种解释是简明扼要的,但却是对爱因斯坦本人对其自己成果的解释方法不恰当的转换。我要立刻声明,我对这个解释持有不同见解,并且我要给诸位阐释另一种说明,这是以我自己的某项研究工作为基础的。在我看来,这个说明与我们的科学观念更加一致,并且与必须加以说明的全部事实更加一致。我们必须牢记,一种新理论必须考虑以往得到充分检验的科学事实,正像这些最新实验结果导致了其自身产生一样。

为了使我们自身能吸收和批判这些终极科学概念中的任何变化,我们必须从头开始。因此,如果我通过做出某些简单而明显的反思开始我的分析,那你们必须宽容我。我们来考虑三个陈述:(1)"昨天有个人在切尔西路堤被车轧了。"(2)"方尖碑立在查令十字街泰晤士河路堤旁。"(3)"太阳光谱中有黑线。"第一个陈述谈的是一位男子的车祸,是关于我们可能会称之为"偶然出现""碰巧发生"或"事件"的陈述。我将使用"事件"一词,因为这个词最简洁。为了具体说明观察事件,地点、时间和事件特征是必不可少的。在具体说明这个地点和时间时,你实际上是在陈述所说的这个事件与其他被观察事件的一般结构有什么关系。例如,这个人是在你喝下午茶和吃晚餐之间,在邻近河中有一艘驳船通过之时,在河岸街的交通线上被车轧过的。我想提出的观点是这样的:在我们看来,自然界在我们的经验中是由流变的事件所组成的复合体。在这个复合体中,我们可识别出作为其构成成分的诸事件之间所具有的确定的相互关系，我们可称之为它们的相关位置，并且我们部分地是通过空间和部分地是通过时间来表达这些位置的。此外，除了它同其他事件之间单纯的相关位置以外，每一个特殊事件都有其自身的独特特征。换言之，自然界是事件的结构，并且每一事件在这个结构中都有其自身的位置及其自身的独特特征或属性。

　　我们现在可根据关于自然界的意义这个一般原理来考察其他两个陈述。先说第二个陈述，即"方尖碑立在查令十字街泰晤士河路堤旁"。乍看上去，我们简直不能称这个陈述所说的是一个事件，因为它似乎缺乏时间元素或暂时性。但是，事情确实是这样吗？如果有个天使在几亿年前做个评论的话，她就会说那时地球还不存在；而如果在两千万年前，她会说那时还没有泰晤士河；而在八十年前，她会说那时还没有泰晤士河堤。并且在我孩提时代，方尖碑还没有立在那儿。*而现在它则立在那里了，我们中无人会期望它是永恒的。在方尖碑与路堤的关系中，这种静止的永恒元素纯粹是幻象，它是由如下事实造成的：对日常交往的目的而言，强调它是不必要的。由此达到的结论是这样的：有一些事件构成了伦敦人日常生活得以进行的媒介，而在这些事件的结构中，我们知道了如何识别某种特定的事件之流，而这些事件则保持着恒久的特征，也就是说作为方尖碑之场所的特征。日复一日，时复一时，我们都能在自然界的短暂生命中发现某个特定的庞然大物，而关于这个庞然大物我们会说："这

---

　　* 方尖碑是1878年9月12日立在这个路堤上的。——译者

里有座方尖碑。"如果我们以足够抽象的方式来界定这个方尖碑,我们会说它从来没有任何变化。但是,物理学家因为把自然界的生命中这一部分看作诸多电子在跳舞,他们会告诉你说,它每天都在失去某些分子,也在获得另一些分子,甚至普通人也会明白它变得越来越脏,并且偶尔还会受到雨水的冲刷。因此,方尖碑是否变化,这只不过是如何定义的问题。你的定义越是抽象,那个方尖碑就越是恒久。但是,不论你的方尖碑是变化还是恒久,你说它位于查令十字街泰晤士河路堤上,这句话所指的一切,都是指在这些事件的结构中,你知道有某种连续的有限事件之流,因而由该流变所构成的任何庞然大物,在任何小时、任何一天或任何一秒之内,都有作为方尖碑之场所的特征。

最后,我们谈谈第三个陈述,即"太阳光谱中有黑线"。这是个自然规律,但是,它的意义是什么呢?它的意义不过是:如果任何事件在某些指定条件下具有展示太阳光谱的特性,那么它也具有展示该光谱中黑线的特性。

这个冗长的讨论可使我们达到的结论是,自然界的具体事实是一些可展示其相互关系之中的某种结构及其自身某些特性的事件。科学的目的就是根据具有此类特性的事件之间的连续结构关系来表达其特性之间的关系。事件之间的相互结构关系既是空间的也是时间的。如果你只是把它们当作空间关系,那你就忽略了时间元素,而如果你把它们仅仅当作时间关系,那你就忽略了空间元素。因此,当你仅仅思考空间,或者仅仅思考时间时,你就是在抽象地处理问题,也就是说,你丢掉了你的感觉经验中告诉你的自然生命中的某种本质元素。进一步说,对于被我们看作空间和时间的东西做出这些抽象可有不同的方式；
在某些条件下，我们采取一种方式，而在另一些条件下，我们采
取另一种方式。因此，坚持在一组条件下我们所说的空间不是
在另一组条件下我们所说的空间，这样说并不是悖论。同样，我
们在一组条件下所说的时间不是在另一组条件下所说的时间，
这也不是悖论。通过宣称空间和时间是抽象概念，我并不是说
它们不向我们表达真正的自然事实。我的意思是指，并不存在
任何脱离物理自然界的空间事实或时间事实，也就是说，空间和
时间只不过是表达有关事件之间关系的某些真理而已。此外在
不同条件下，具有不同种类的关于宇宙的真理，它们自然地向我
们呈现为关于空间的陈述。在这种情形下，由空间所意指的一
组条件下的存在，将会不同于另一组条件下的存在。因此，当我
们比较两种不同条件下的观察时，我们必须要问"这两个观察
者所说的空间和所说的时间指的是同一个东西吗？"现代相对
论的兴起就是因为参照空间和时间的纯粹相对意义而解决了关
于某些精细的观察的困惑，例如地球通过以太的运动、水星的近
日点和太阳附近的恒星位置等。

　　现在，我请大家再次关注方尖碑的例子，对此我还有话要
说。当你沿着这个路堤行走时，你会突然抬起头来说："喂，那里
有个方尖碑。"换言之，你认出了它。你不可能认出一个事件，
因为当事件过去后，它就过去了。你可以观察到另一个有类似
特征的事件，但是现实的那一块自然生命与其独特的出现是不
可分割的。但是，事件的特征是可以被识别出来的。我们都知
道，如果我们去查令十字街附近的路堤，我们就会观察到那个具

147

有我们认出是方尖碑之特征的事件。我们这样认出的事物,我称之为客体。客体位于这些事件之中,或者位于表达其特征的这些事件之流中。客体的种类有很多。例如,根据上述定义,绿色是客体。科学的目的正是要追求那些支配着客体在其所在的各种事件中的表象的规律。为了这个目的,我们可以主要地集中于两类客体,我将称之为物质的物理客体和科学客体。物质的物理客体是日常的小块质料,例如,方尖碑。这种客体比单纯的颜色,譬如方尖碑的颜色,那要复杂得多。我称这些简单客体,譬如颜色或声音,叫作感觉客体。在普通人正常地关注物质客体的地方,艺术家将会训练自己更特别地注意感觉客体。因此,如果你同一位艺术家一同散步,当你说"那里有个方尖碑"时,也许他同时会惊呼:"这一块颜色真美。"然而你俩表达的是你们对同一事件不同构成特征的辨识。但是在科学中我们发现,当我们认识了物质的物理客体和科学客体构成的事件中所有的探险时,我们就获得了大多数的相关信息,这些信息可使我们预言我们将会知觉到特别场所中的感觉客体的各种条件。例如,当我们知道有一堆火在燃烧(亦即物质客体和科学客体正在这些事件中经历各种令人兴奋的探险),火对面有一面镜子(它是另一个物质客体),并且知道有个人在看这面镜子,也知道这个人的位置所在时,我们就可知道,他能知觉到镜子中那个事件里的红火苗——因此,在很大程度上,这些感觉客体的表象是以物质客体的探险为条件的。对这些探险的分析可使我们觉察到事件的其他特征,即它们作为活动场地的特征,这些特征决定着随后的事件,并传递给位于它们之中的客体。我们可根据引力、电磁力或化学力和吸收力来表达这些活动的场地。但是，精确地表达这些活动场地的性质，则会迫使我们在智力上承认那些位于事件之中的不太明显的客体。我是指分子和电子。这些客体不可孤立地被识别。如果我们在方尖碑附近，就不可能看不到它。但是，无人看到过单独的分子或单独的电子，然而事件的特征只能根据这些科学客体来表达它们，才可以向我们说明。毫无疑问，分子和电子是抽象的产物。但是，这样看来方尖碑也是抽象的产物。具体的事实是那些事件本身——我已经向诸位说明，做出抽象并不是指存在就是一无所有。它只是指，其存在只是更为具体的自然元素的一个因子。所以，电子是抽象的，这是因为你不可能消除掉事件的全部结构还能保持电子的存在。以同样方式，猫的咧嘴微笑是抽象的，而那种分子确实是在事件之中，其意义就同那个咧嘴微笑确实是在猫的脸上一样。那么，例如化学和物理学这些更为终极的科学，根本不可能根据诸如太阳、地球、方尖碑或人体这样的模糊客体来表达其终极规律。这类客体更为恰当地属于天文学、地质学、工程学、考古学或生物学。化学和物理学只是把它们处理为可揭示它们的更为接近的规律所造成的后果有哪些统计复杂性。在某种意义上，它们只是作为技术应用而浸入物理学和化学之中的。其原因就是它们太模糊不清了。方尖碑从哪里说是开始，至哪里算是结束？烟灰是其一部分吗？在它的分子脱落或者当它的表面与伦敦的酸雾起化学反应时，它算是个不同的客体吗？这个方尖碑的确定性和恒久性同科学所理解的分子可能具有的恒久确定性相比，以及同分子的恒久确定性反过来会产生电子的恒久性相比，简

149

直等于无。因此,科学以其最终极的规律阐述,寻求的是客体具有最恒久的确定简单特征,并根据它们来表达其终极规律。

　　此外,当我们寻求确定地表达产生于事件的时－空结构的关系时,我们是通过逐步地消除所考察事件的(时间和空间的)范围来接近简单性的。例如,在一分钟内作为自然生命一部分的方尖碑是一个事件,而同一分钟内作为自然界之生命一部分的这艘经过的驳船是另一个事件,那么前一个事件对后一个事件来说具有极为复杂的时－空关系。但是,假定我们逐步地把所考虑的时间缩短到秒、百分之一秒、千分之一秒,以及更短时间。随着我们沿着这个系列行进,我们就会逐步地接近连续思考的这一对事件理想上最简单的结构关系,我把这种理想叫作方尖碑与某个瞬间的驳船之间的空间关系。即使这些关系对我们来说也太复杂了,并且我们要考察那个方尖碑和那艘驳船越来越小的碎片。因此,我们最终会到达在其广延性上受到如此限制的该事件的理想状态,以至其在空间和时间上没有了广延性。这种事件只不过是瞬时持续性内空间点的闪烁而已。我称这种理想事件为"事件－粒子"。你不必把世界设想为最终是由事件－粒子构成的。这是本末倒置。我们所认识的世界是一个连续的发生流,我们可以把这个发生流区分为由它们的重叠构成并且相互包含的有限事件,以及把它们分割开来的时－空结构。我们可以根据这些接近路径的理想界限,即我所命名的事件－粒子来表达这个结构的属性。因此,事件－粒子就其作为更为具体的事件关系而言是抽象的。但是至此你们会明白,若是没有抽象,我们就不可能分析具体的自然界。同时我还要重复一下,这些科学的抽象物是真正存在于自然界之中的存在,虽然它们若是与自然界相脱离,孤立地看就没有任何意义。

事件的时-空结构的特性,可以根据这些更为抽象的事件-粒子来充分地予以表达。处理事件-粒子的优势在于,它们虽然是抽象的,并且在我们直接观察到的有限事件中还是复杂的,然而它们在其相互关系方面则要比有限事件更为简单。因此,它们可向我们表达理想的精确要求,和说明这些关系的理想简单性。这些事件-粒子是相对论以之为前提的四维时-空流形的终极元素。你将会观察到每一事件-粒子都是某个时间的瞬间,就像它是空间中的某个点一样。我称之为瞬时的点-闪烁或点-刹那。因此,在这个时-空流形的结构中,空间不能最终地同时间分开,并且仍然会有可能由于观察者的多种多样条件而有多种多样的区分方式。正是这种可能性造成了知觉宇宙的新方式和旧方式之间的根本区别。理解相对性的奥秘就在于理解这种区别。倘若你没有掌握作为全部理论之基础的这一基本概念,就想以生动的悖论"空间弯曲了"盲目地冲进来,那也是无用的。当我宣称它是全部理论的基础时,我的意思是指,根据我的见解,它应当成为其基础,虽然我可能会承认,关于对这个理论的所有阐述距离实际理解其意义及其前提还有多远,还存有一些疑问。

当我们的测量根据理想的精确性来表达时,就可以表达时-空流形的属性。现在有不同种类的测量。你可以测量长度、角度、面积、容积或时间。还有其他种类的测量,譬如照明强度测量,但是我将暂时忽略这些测量,集中关注那些我们特别有兴趣的时-空测量。不难看出,对那些恰当特性的四种这样的测量,对于确定事件－粒子在时－空流形与该流形的其他东西之间关系中的位置，是必不可少的。例如，在矩形场中，你可以在某一给定时间从一个角开始，你可测量出沿一条边的确定距离，然后你可以删去，再以直角浸入这个场，并且此时可测量一个确定的距离平行于另一对边，然后你再垂直地画一条线，达到确定的高度，并且占有了时间。在你这样达到这个点和这个时间上时，在自然界中就发生了一个确定的瞬时点刹那。换言之，你的四个测量已经确定了一个属于四维时－空流形的确定的事件－粒子。这些测量对土地测量员来说似乎非常简单，不会在他头脑中引起任何哲学难题。但是，假设火星上有生物，它们在科学发明上足够先进，因而能够在细节上看到地球上的这种测量活动。假设它们参照在火星生物看来是自然的空间，也就是以火星为中心的空间，亦即火星这个行星在其中运行的空间，来解释这些英国土地测量员的操作。这样，地球就是相对火星来运行并旋转的。对火星生物来说，以这种方式来解释的操作造成了最复杂的测量。进一步说，根据相对论学说，地球上时间测量的操作完全不符合火星上的任何时间测量。

我所以讨论这个例子，是为了让大家明白，在思考时－空流形中的测量的可能性时，我们不必把自身仅仅限定于这些在地球人看来似乎是自然的次要变化。所以，我们可以做出如下一般陈述，即我们可以发现有各自独立的四种测量（例如，三个方向上的长度测量和时间测量），因而确定的事件－粒子是由这四种测量在该粒子与该流形的其他部分之间的关系所确定的。

如果（p_1，p_2，p_3，p_4）是这个系统中的一组测量，那么这样

确定的事件-粒子就可以说把p_1, p_2, p_3, p_4作为其自己在这个
测量系统中的坐标。假设我们称之为测量的p系统。那么,在同
一p系统中通过适当改变(p_1, p_2, p_3, p_4),每一个事件-粒子不
管是过去的,还是将来的,或者是瞬时当下的,都可以表示出来。
进一步说,根据在我们看来是自然的任何测量系统,该坐标的三
维将是测量空间的,一维将是测量时间的。我们要永远把最后
的坐标当作代表时间测量。这样一来,我们自然地应当说,(p_1, 153
p_2, p_3)决定着空间中的点,而事件-粒子则是在时间p_4时发生
在那个点上的。但是,我们不必错误地认为除了时-空流形以
外还有空间。该流形就是那里存在的所有决定时间和空间之意
义的东西。我们必须决定根据该四维流形的事件-粒子来决定
空间点的意义。只有一种方法可以做到这一点。须注意,如果
我们改变这个时间并且设时间同样有三个空间坐标,那么,这样
标示出来的这些事件-粒子就是同一个点上所有的一切。但是,
由于看到了除这些事件-粒子以外并无其他东西,这只能意味着
p系统中的空间点(p_1, p_2, p_3)不过是事件-粒子(p_1, p_2, p_3,
[p_4])的汇集而已,其中p4改变了,而(p_1, p_2, p_3)则保持固定
不变。非常令人不安地可以发现,空间中的某个点并不是简单
的存在,但是,这个结论是直接地从空间关系理论中得出来的。

进一步说,这位火星居民是通过另一种测量系统来确定事
件-粒子的。可以称这个系统为q系统。根据他的观点,(q_1, q_2,
q_3, q_4)可确定事件-粒子,并且(q_1, q_2, q_3)可确定点,而q4则
可确定时间。但是,被他当作点的事件-粒子的汇集则完全不同
于被地球人当作点的任何这样的汇集。因此,q空间在这位火星

人看来完全不同于地球上那位土地测量员的p空间。

到这里为止，在谈到空间时，我们所谈论的一直是物理科学的无时间的空间，也就是说，我们的永恒空间概念，世界就是在这个空间中探险的。但是，当我们环顾四周时我们所看到的空间是瞬时空间。因此，如果我们的自然知觉可以调整到测量的p系统，我们就能在瞬间看到处在某个确定时间p_4上所有的事件-粒子，并且随着时间推移而观察到连续的这类空间。这个无时间的空间是通过把所有的这些瞬时空间串连在一起而获得的。这个瞬时空间中的点就是事件-粒子，并且这个永恒空间中的点就是把这些连续出现的事件-粒子串起来的绳子。但是，那个火星人决不会像地球人一样会知觉到相同的瞬时空间。这个瞬时空间系统会径直穿过那个地球人的系统。对这个地球人来说，存在一个瞬间空间，这个空间是瞬时存在的，既有过去的空间，也有未来的空间。但是，那位火星人的当下空间则径直穿过了这位地球人的当下空间。因此，在这个地球人认为是当下此时发生的事件-粒子，那位火星人则会认为有些事件-粒子已经过去，并且成为古老的历史了，另一些则是在未来，还有一些则是在直接的现在。在关于过去、现在和未来的这个简洁概念中发生的这个断裂是个严重的悖论。我把在某个或其他测量系统中处在相同瞬时空间中的两个事件-粒子称作"共在的"事件-粒子。这样，A和B可能是共在的，并且A和C可能是共在的，但是B和C可能不是共在的。例如，在距离我们非常遥远的地方，有一些事件与我们现在是共在的，并且也是与维多利亚女王的出生是共在的。如果A和B是共在的，就会有某些系统中A先于

B,而有些系统中则B先于A。同时也不可能有什么速率能够快到把物质粒子从A带到B或者从B带到A。这些不同的时间系统由于具有时间计算差而令人费解,并且在某种程度上冒犯了我们的常识。这不是我们思考宇宙的通常方法。我们思考的是一个必然的时间系统和一个必然的空间系统。而根据这种新理论,则会有数量无限的不一致的时间系列和数量无限的不同空间。任何相关联的一对时间系统和空间系统都会出现,以适合我们对宇宙的描述。我们发现在某些给定的条件下,我们的测量必然地会在某一对时间和空间系统中进行,它们共同构成了我们的自然测量系统。关于不一致的时间系统的困难,通过区分我所说的那种根本不能恰当地连续的自然界创造性进展系列和任何一个时间系列而部分地得到解决。我们在习惯上通常会把这种创造性进展与单独的时间系列混淆起来,而创造性进展实际上是我们可经验并认为是自然界浸入新颖性的永久转化,单独的时间系列则是自然地用作测量的东西。在各种时间系列中,每一个系列都可以测量这种创造性进展的某个方面,而它们全部捆绑到一起则可以表达可测量的这个进展的所有属性。我们之所以在前面没有注意到时间系列的这个差异,其原因是任何两个这样的系列之间的属性只有很小的差别。任何可观察现象由于这个原因都会依赖于进入观察的任何速率与光速之比的平方。光需要50分钟左右绕地球轨道转一周;而地球则需要大约17531.5小时绕行一周。因此,所有的效应由于这个运动而成为$1:10000$之平方的秩序效应。因此,地球人和太阳人只有一些可忽略不计的效应,这些效应在量上的大小全部包含着因子

155

$1/10^8$。显然地，这类效应只能通过最精细的观察才能注意到。然而它们已经被观察到了。假定我们用同一台设备，随着我们转动一个直角，获得了对光速的两个观察，并对之进行比较。地球的速率相对于太阳是在一个方向上，光的速率相对于以太则应当是在同一方向上。因此，如果空间在我们把以太当作静止时指的是与空间在我们把地球当作静止时所指的同一个东西，我们就应当发现相对于地球的光速，根据它来自的方向会有变化。

在地球上所做的这些观察，构成了旨在设计来探测地球通过以太的运动的著名实验的基本原理。诸位都知道，完全出乎意料，它们并未提供任何结果。这完全可以由如下事实来说明，即我们所使用的空间系统和时间系统在某些微小方面不同于相对于太阳或相对于它运行的任何其他天体的空间和时间。

所有这些关于时间和空间本质的讨论，把影响物理学所有的终极法则——例如电磁场定律，引力定律——之阐述的大难题提升到了我们的视野之中。我们以引力定律为例。它的阐述如下：两个物质性的物体因一种力的作用而相互吸引，这种力与它们的质量的乘积成正比，而与它们的距离的平方成反比。在这个陈述中，物体可被设想得足够小，能被看作处在与它们的距离关系之中的物质微粒，并且我们不必再进一步为这个小点而烦恼。我想使诸位关注的难题是这样的：在阐述这个定律时，我们预设了一个确定的时间和一个确定的空间。而两种质量则被假定为处在同时发生的位置上。

但是，在一个时间系统中同时发生的东西，可能不是在另一时间系统中也是同时发生的。因此，根据我们的新观点，该定律

156

在这一方面究竟有什么意义，这并没有得到阐述。进一步看，在距离问题上也产生了类似的问题。两个同时发生的位置，例如两个事件–粒子的位置之间的距离，在不同空间系统中是不同的。那我们应当选择什么空间呢？因此，如果接受相对性，那该定律同样也缺乏精确的阐述。我们的问题是要寻找关于引力定律的新解释，以之来避免这些困难。首先，我们在阐述我们的基本观念时，必须避免对空间和时间的这些抽象概括，必须重现这种终极的自然事实，亦即事件。同时，为了发现表达事件之间关系的理想的简单性，我们要把自己限制在事件–粒子上。因此，物质粒子的生命就是其在作为四维时–空流形中排成连续系列或路径的事件–粒子轨道中的探险。这些事件–粒子乃是这种物质粒子的各种场所。我们通常是通过采用我们的自然时–空系统和谈论该物质粒子存在于连续的时间瞬间时其空间中的路径来表达这个事实的。

我们必须向我们自己提出这样的问题：什么是能引导物质性粒子在事件–粒子中只是采用这个路径，而不是其他路径的自然规律呢？应当把这个路径看作一个整体。这个路径有哪些特征是任何其他稍微改变的路径不能分享的独特特征呢？我们所追问的不只是引力定律。我们想要的是运动定律和关于如何阐述物理力之效应的一般方法观念。

为了回答我们的问题，我们先把这个质量吸引观念放在背景中暂且不论，先把注意力集中于该路径附近的事件活动场。在我们这样做时，我们的行动就是与最近一百年来科学思想的总体趋势相一致的，即这种总体趋势越来越集中于关注把这种力场当作有方向的运动中所存在的直接动力,不再考虑两个远距离物体之间是否有直接的相互影响了。我们不得不找到某种方法来表达四维流形中某种确定事件-粒子E附近的事件活动场。我引入了一种基本的物理观念,我称之为表达这种物理场的"动量"(impetus)。事件-粒子E通过某个动量元素而与任何相邻的事件-粒子P相联系。把E与E附近的事件-粒子集相联系的所有元素集,都表达着E附近的活动场的特征。我与爱因斯坦不同的地方在于,他认为我称之为动量的这个量只是表达了所采用的空间和时间的特征,因此他最后说引力场表达了时-空流形中的曲率。我对他的时间和空间解释完全不能理解。我的阐释与此略有不同,虽然在他的结果被证实的那些例子中我的阐释与他的阐释是一致的。我几乎不用宣称在关于引力定律的阐述这个特殊问题上,我已经得出了构成其伟大发现的一般研究方法。

爱因斯坦已表明,根据我将称之为J_{11},J_{12}($=J_{21}$),J_{22},J_{23}($=J_{32}$)等等的十个量,我们如何来表达事件-粒子E周围那个场的动量元素集的特征。我们将会注意到,有四个时-空测量把E与相邻的P联系起来,并且如果允许我们以任何一个测量两次形成一个这样的成对测量,那就会有十对这样的测量。十对J_s只是依赖于E在四维流形中的位置,E和P之间的动量元素可以根据十个J_s和把E和P联系起来的十对四维时-空测量来表达。J_s的数值将会依赖于所采用的测量系统,但是,根据每一个特殊系统来调整,以便不管采用何种测量系统都能获得关于E和P之间的动量元素的相同值。这个事实是通过说十个J_s构成一个"张量"来表达的。当最初宣称爱因斯坦的预言被证实时,有人宣称物理学家在未来必须研究张量理论,这曾在他们当中引起了名副其实的恐慌,这样说并不为过。

任何事件－粒子上的十个J_s都可以通过两种我所说的E上的位势和"相伴位势"来表达。这种位势实际上就是通常的引力位势,也就是我们根据欧几里得空间参照质量吸引处在静止状态时所表达的那种位势。这种相伴位势是通过修正,用直接距离代替位势定义中的相反距离来定义的,并且它的计算很容易进行,即依赖于旧式的位置计算即可。因此,J_s的计算——即我所说的动量系数——并未包含物理学家的数学知识中任何非常革命性的东西。我们现在回过头来讨论被吸引粒子的路径问题。我们在整个路径上全部加上动量元素,并因而获得我所说的"积分动量"。同相邻的可替代路径相比,这个现实路径的特征是,在这些现实路径中,这种积分动量如果从中被摇摆出来,浸入附近极小的替代路径,也既不会获得也不会丢失。对此,数学家将会这样来表述,即这种积分动量相对于无限小的置换来说是静止的。在关于运动定律的这一陈述中,我忽略了其他力的存在。但是,这将会使我的讨论走得太远了。

电磁理论必须加以修正,以便允许引力场的存在。因此,爱因斯坦的探究导致的第一个发现是引力和其他物理现象之间存在着关系。根据我用来进行这种修正的方式,我们推导出了爱因斯坦关于光沿其射线运动的基本原理,把其当作第一个近似值,它对无限的短波是绝对真实的。经过这样部分地得以证实的爱因斯坦原理,以我的语言来陈述就是,光线总是沿着一个路径传播,因而沿光线的积分动量是零。这便涉及沿光线的每一个动量元素是零。

　　总之,我必须表示歉意。首先我相当大地调低了这种原创理论所具有的种种令人兴奋的独特性,并把它推论到与旧的物理学更加一致。我不会允许把物理现象归因于空间的种种奇异性。同时,我的演讲稍嫌沉闷,这是出于我对听众的尊重。诸位可能会喜欢更为通俗的讲座,其中有对令人高兴的悖论的说明。但是,我也知道你们是严肃认真的学者,你们在这里是因为真正想知道这些新理论是如何可能影响你们的科学研究的。

第九章　终极物理概念

　　本书第二章提出了在形成我们的物理概念时应当加以保护
的第一原理。这就是，我们必须避免错误的二分法。自然界不
过是感官-觉察所传递的东西。对于何种东西能刺激我们的心
灵，使之能达到感官-觉察，并没有任何原理能告诉我们。我们
的唯一任务是以一个系统来揭示所有被观察到的东西有什么特
征以及它们之间有什么内在关系。就物理概念的阐述而言，我
们关于自然界的态度纯粹是"行为主义的"。

　　我们关于自然界的知识就是关于行为（或者流变）的经验。
以前，被观察的事物是能动的存在，即"事件"。它们在自然生
命中是显著的存在。这些事件之间具有相互关系，这些关系本
身在我们的知识中被区分为空间关系和时间关系。但是，空间
和时间的这种区分虽然在自然界中是内在固有的，然而相对而
言这种区分却是肤浅的；并且就空间和时间本身而言，每一个
都只是部分地表达了那些既不是空间也不是时间的事件之间具有
基本关系。我称这种基本关系为"广延"关系。这种"能广延
出去的"关系不论在空间上还是在时间上，或者在二者总体上都
是"包含"关系。但是，这种纯粹的"包含"关系要比空间关系

和时间关系中任何一种关系都更为基本,并且它还不需要任何时-空区分。从广延上说,如果两个事件是相互关联的,那就会要么(1)一种事件包含另一种事件,要么(2)一种事件与另一种事件相重叠但并不全部包含,要么(3)它们是完全分离的。但是,若要以此为基础来界定空间和时间元素,则需要特别当心,以便避免那些确实依赖于未界定的关系和属性沉默未宣的限制。

161 这类谬误是可以避免的,其方法是我们能对我们经验中的两个元素给予说明,即:(1)我们的可观察的"现在",(2)我们的"有感知能力的事件"。

我们的可观察的"现在"就是我所说的"持续"或"持续性"。它是在我们的直接观察中所理解的全部自然。所以,它具有事件的性质,但是却具有独特的完整性,这种完整性标志着这一类广延乃是自然界内在固有的特殊种类的事件。持续性并非是瞬间的,而是具有一定时间界限的自然界中所存在的东西。与其他事件相对比而言,我们可以说持续性是无限的,而其他事件则是有限的。[①]在我们关于持续性的知识中,我们区分了(1)某些被包含的事件,它们尤其是在其独特的个体性上被区分开来;(2)继续包含于其中的事件,它们由于同被区分出来的事件和整个广延的关系,才被理解为必然地是存在的。而作为整体的持续性则是通过直接被观察的那一部分所拥有的(与广延性的)关系属性来表示的;[②]也就是说,是通过本质上有一个

---

① 参看第172页关于"意义"的注释。(凡涉及本书的页码皆为本书边码,后同。——译者)

② 参看第三章第46页及其后。

超越观察之物的东西这一事实来表示的。我这样说的意思是指，每一个事件都可以被看作与它所不包含的其他事件是有关系的。这个事实，即每一事件都可看作具有不包含在其中的事件的属性，表明不包含与包含一样也是一种肯定关系。当然，在自然界中并没有纯粹的否定关系，并且不包含也不是对包含的单纯否定，虽然这两种关系是相反的。这两种关系唯一地只同事件有关，并且我们能根据包含来对不包含在逻辑上进行定义。

也许，这种意义的最明显的展示，存在于我们关于不透明物质客体内部那些事件的几何特征的知识中。例如我们知道，不透明球体有一个中心。这种知识与该球体的质料无关；而这个球体既可以是匀称坚固的台球，也可以是空心的草地网球。这种知识在本质上是意义的产物，因为从外部可区分的那些事件，其一般特征会告诉我们在这个球体内部会有一些事件，并且还会告诉我们，这些事件具有几何结构。

对《自然知识原理研究》的某些批评表明，把持续性理解为自然界中实在的分层是有困难的。我认为，这个犹豫源于错误的二分法原理给人们的潜意识造成的影响，因为这个原理已经深深地嵌入在现代哲学思想之中了。我们把自然界观察为广延于直接的当下之中，这种当下是同时的但不是瞬时的，并且因而那个被直接地识别出来的或被表示为内在关联系统的整体，构成了作为物理事实的自然界的分层。这个结论是直接得出来的，除非我们承认这里所拒斥的那种心理附加原理形式中的二分法。

我们的"有感知能力的事件"是包含在我们的可观察的现在之中的事件，我们把它区分为是以某种独特方式存在的我们的知觉观点。大体上可以说,这个事件就是当下持续性中我们的肉体生命。医学心理学逐步形成的这种知觉论是以意义为基础的。在我们看来,被知觉客体的远距场所只是由我们的身体状况,例如通过我们的有感知能力的事件,来使之有意义的。事实上,知觉要求对我们的有感知能力的事件的意义有感官-觉察,同时要求对特定的客体和因此而表示的事件之间的独特关系(场所)有感官-觉察。我们的有感知能力的事件,由于其自身有意义是客观事实,因而被得救,被当作自然整体。此乃是把有感知能力的事件称为我们的知觉观点的意义之所在。光线的传播路线只是派生地同知觉相关联。我们确实知觉到的东西是与由该光线激起的身体状态所表示的事件有关联的客体。这些被表示的事件(正如在镜子中所看到的影像情形一样)同该光线的现实路线可能没有多大关系。在演化过程中,有些动物的感官-觉察集中于它们身体状态的这些意义,而这些意义一般说来对它们的安宁生活有重要意义,因而这一类动物就幸存下来了。这些事件从整体上被有意义地表示出来了,但是有一些事件则因未受关注而被判死刑。

有感知能力的事件永远地在此时此刻与当下的持续性相联系。它在这种持续性中具有的某个位置也许可称之为绝对位置。因此,一个确定的持续性是与确定的有感知能力的事件相联系的,并且我们因此就可以觉察到有限的事件可承受的与持续性的独特关系。我称这种关系为"同步"。静止概念就源自于这种同步概念,而运动概念则源自于持续性内没有同步的包含概念。事实上,运动是被观察事件和被观察持续性之间(具有可变性）的关系，并且同步是运动的最简单特性或者亚种。总之，持续性和有感知能力的事件本质上包含在关于自然界的每一种观察的一般特征之中，而有感知能力的事件则是与该持续性同步的。

我们关于不同事件的独特性的知识取决于我们的比较能力。我把我们的知识中这种因素的作用称为"识别"。而对于可比较特性的必不可少的感官－觉察，我则称之为"感官识别"。识别和抽象在本质上是相互包含的。它们中每一个都会揭示某种存在，这个存在与具体事实相比，其具体性稍嫌逊色，但却是该事实中的实在因素。能单独区分的最具体的事实就是事件。没有识别我们就不能抽象，而没有抽象我们就不能识别。知觉包含着对事件的理解和对其特性因素的识别。

被识别的事物就是我所说的"客体"。在该术语的这个一般意义上，广延关系本身就是客体。然而在实践中，我把这个词限制在那些在某种意义上可以说在事件中有场所的客体上；也就是说，在"它又在那里了"这个短语中，我把"那里"限制为表示作为该客体之场所的特殊事件。即使这样，仍有不同类型的客体，因而对一种类型的客体是真实的陈述，对另一种类型的客体则不是真的。我们在这里所关心的物理规律阐述中的客体是物质客体，譬如一片片微小的质料、分子和电子。在这些类型的客体中，有一种客体与事件有关系，而不是与其属于其场所的流动有关系。其场所在这个流动内部，这一事实给所有其他事件的场所施加了一定的修正。事实上，这个完整的客体可被知觉为是对所有事件的特性给予的一组具体的相互关联的修正，

164

其属性是这些修正因那些属于其场所流动的事件而获得的特定核心属性。由于客体存在于场所之流动中而造成的事件特性的全部集合，就是我所说的由该客体所形成的"物理场"。但是，客体不能实在地同其自身的场相分离。客体事实上不过是得到系统调整的对于这个场的一组修正。传统上把客体限制在事件的流动焦点上，即通常所说的"位于"其中，这对某些目的来说是方便的，但是这样便模糊了自然界的终极事实。从这个观点看，远距作用和传递作用的对立是无意义的。这一段所阐述的学说不过是以另一种方式来表达客体与事实之间尚未解决的多重关系而已。

　　一个完整的时间系统是由任何一族平行的持续性所构成的。两个持续性在如下条件下便是平行的：（1）一个持续性包含另一个；（2）它们是重叠的，因而二者包含着第三个持续性；（3）它们是完全分开的。其例外情形是，两个持续性相重叠，因而共同包含着一个有限事件的集合，但并不共同地包含任何其他完整的持续性。能识别出有数量无限的平行持续性族，这一事实可以把这里所提出的自然概念同实质上是关于唯一时间系统的陈旧传统概念区分开来。这种传统概念与爱因斯坦的自然概念有何差异，在后面我将要做简要的说明。

　　既定时间系统的瞬时空间是一种理想的（非存在的）持续性，它是指时间厚度为零的持续性，这种持续性是由沿相伴族的持续性构成的系列之近似路径来表示的。每一个这样的瞬时空间都表征着关于自然界在空间上的理想瞬间，也表征着其理想的时间之瞬间。每个时间系统因而具有只属于其自身的瞬间集合。每个事件-粒子只存在于既定时间系统的唯一瞬间之中。事件-粒子具有三个特性：[1]（1）外在特性，这是其作为事件之中的确定的收敛路径的特性；（2）内在特性，这是其附近的自然界具有的独特特性，也就是说，其附近的物理场特性；（3）位置特性。

事件的位置源于其位于其中的瞬间（没有任何两个相同的族）之集合。我们集中注意力关注这些瞬间中的一个瞬间，它是通过我们的直接经验中那个较短的持续性来接近的，并且我们把位置表达为这个瞬间中的位置。但是，事件-粒子是由于其他也位于其中的瞬间M'，M''等的集合而获得其自身在M瞬间中的位置的。把M区分到事件-粒子（瞬时点）的几何中[2]，这表达了M通过其自身与不同的时间系统中的瞬间相交而造成的自身的区分。以此方式，平面、直线和事件-粒子本身就找到了自己的存在。此外，平面和直线的平行产生于同一时间系统的瞬间与M相交的平行。同样地，平行平面和直线上事件-粒子的次序则源于这些相交瞬间的时间次序。对此，这里不再给予说明。现在只需提一下整个几何学获得其自身的物理说明的来源就足够了。

一个时间系统的各种瞬时空间的相互关联是通过其同步关系而获得的。从证据上看，瞬时空间中的运动是无意义的。运动表达的是相同时间系统中一个瞬时空间中的位置与另一瞬时

---

① 　参看第74页及其后。

② 　参见《自然知识原理研究》和本书前面的章节。

空间中的位置的比较。同步会产生这类比较的最好结果,即静止。

运动和静止是直接被观察到的事实。说它们是相关的,其意义就在于它们依赖于对观察来说是基本的时间系统。一串事件-粒子的连续占有意味着该既定时间系统中的静止,那么这一串事件-粒子就构成了该时间系统中永恒空间内的永恒的点。以此方式,每一时间系统都有其自身唯一与其不同的恒久永恒空间,并且每一个这样的空间都是由属于该时间系统而不属于其他时间系统的永恒的点构成的。相对性的悖论就产生于对如下事实的忽略:关于静止的不同假设包含着根据极为不同的空间和时间去表达物理科学的事实,因为在这些不同的空间和时间中,点和瞬间具有不同的意义。

关于次序的来源已经被表示出来了,全等的来源现在也找到了。它们都依赖于运动。根据同步性,垂直也产生了;并且根据与任何两个时间系统的关系之间的相互对称有关联的垂直性,时间和空间上的全等也得到了完全的界定(参见上述引文)。

由此而导致的公式是电磁相对论公式,或者如现在所称的那样,是狭义相对论。但是,这里还有如下至关重要的区别:出现在这些公式中的临界速度c现在与光或者任何其他物理场(不同于事件的广延结构)的事实毫无关系。它只是标志了这样的事实:我们的全等测定或计算在一个普遍系统中既包含着时间也包含着空间,所以,如果选择两个任意的单位,一个单位是所有的空间单位,一个单位是所有的时间单位,那么,它们的比率就是速率,这是自然界的基本属性,其所表达的事实是,时间和空间在实在性上是可比较的。

自然界的物理属性是根据物质客体（电子等）来表达的。事件的物理特性则是从它所表示的这类客体的全部复合体的场中产生的。根据另一观点看,我们可以说,这些客体不过是我们表达事件的物理特性相互关联的方式而已。

自然界的时-空可测量性产生于:（1）事件之间的广延关系;（2）由每一个可替代的时间系统所产生的自然界的分层特性;（3）这些有限事件与时间系统的关系中所展示的静止和运动。在这些测量来源中,任何一个来源都不会依赖于由位于这些事件之中的客体所展示的有限事件的物理特性。它们所表示的完全是那些其物理特性尚未被认识的事件。因此,时-空测量是不依赖于客观的物理特性的。进一步说,我们关于整个持续性的知识,就其特性实质上起源于直接的区分场内部那一部分的意义而言,其本身向我们构成一致的整体,就其广延而言,它不依赖于那些遥远事件未被观察到的特性。也就是说,世界上存在着确定的自然界整体,在现在是同时地存在着的,不管其遥远的事件之特性是怎样的。这一思考强化了前面的结论。这个结论导致我们断定,各种各样的时间系统的瞬时空间具有实质上的一致性,并因而导致我们断定,无时间的空间也有一致性,在这些空间中,每一个空间对应一个时间系统。

如上对被观察自然的一般特性所进行的分析,可为各种基本的观察事实提供说明:（1）它说明一种广延属性浸入时间和空间之中是有区别的。（2）它给被观察事实赋予几何的和时间的位置,几何的和时间的秩序,以及几何的直线性和平面性。

（3）它选择的一种确定的全等系统包含着空间和时间,并因而可说明在实践中可获得的测量的一致性。（4）它说明了（与相对论相一致）可被观察到的旋转现象,例如,福柯摆、地球赤道隆起、旋风与反旋风旋转的稳定感和陀螺罗盘。它能做出这些说明是因为它允许自然界有确定的分层,这是由我们关于它的知识的特性所揭示的。（5）它对运动的说明要比（4）中所说的说明更为基本;因为它说明了运动本身的含义是什么。被广延到的客体所进行的可被观察到的运动,就是它的各种场所与对该观察来说是基本的时间系统所表达的自然界分层之间的关系。这个运动表达的是该客体与自然界其他东西之间的实在关系。这种关系的数量表达会根据其说明所选择的时间系统而有所不同。

这种理论除了符合其他物理现象,诸如声音的特性以外,并不符合光的任何独特特性。这种区分并没有任何根据。某些客体我们只是通过视觉知道的,而另一些客体则只是我们通过声音知道的,还有另外一些客体我们既不是通过光也不是通过声音,而是通过触觉或味觉或其他感觉而观察到的。光速依据其介质而变化,并且声音也是如此。光在一定条件下以弯曲路径传播,声音也是如此。光和声音都是事件的物理特性的扰动波;并且（如上所述,第162页）光的现实路线并不比声音的现实路线有更多的重要意义。把全部自然哲学建立在光的基础上是没有根据的假设。迈克尔逊－莫雷试验和其他类似实验表明,在我们的不精确的观察界限内,光速近似于表达我们的空间和时间单位之关系的临界速率c。可证明的是,关于光的这种假设能用来说明这些实验和引力场对光线的影响,而这种假设作为近似值是从电磁场方式中推导出来的。这便使认为光具有任何独特的基本特性,并把光和其他物理现象区分开来的任何必要性都给摧毁了。

应当看到,通过有广延的客体而对有广延的自然界进行测量,如果不是自然界内在固有的同时性具有可观察事实,并且不只是思维游戏,那就是毫无意义的。否则,你的具有广延的测量杆AB所做的描述,其概念就是无意义的。如果B'是B的末端,那么五分钟以后为什么不是AB'?就其自身的可能而言,测量是以作为同时性的自然界,并且是以那时存在和现在依然存在的可观察客体为前提的。换言之,对有广延的自然界进行测量,要求自然界有某些内在特性来提供表征事件的规则。进一步说,全等不能根据测量杆的恒久性来界定。若是脱离对自身全等的某种直接判断,恒久性本身是无意义的。否则,弹力线如何能与坚硬的测量杆区分开来?它们中每一个都依然是自我同一的相同客体。为什么一个是可能的测量杆而另一个不是这样的测量杆呢?全等的意义超越了客体的自身同一性。换言之,测量是以可测量为前提的,而可测量理论就是全等理论。

进一步说,承认自然界的分层与对自然规律的阐述有关。前面已经阐述过,这些定律应当是以不同的等式来表达的,正如任何一般的测量系统中所表达的那样,这些等式应当是不参照任何其他独特测量的。这一要求纯粹是任意的。因为测量系统测量的是自然界中内在固有的某种东西;否则它与自然界就没有任何联系。并且根据该独特测量系统所测量的这种某物,也许同其规律得到阐述的现象具有特殊的关系。例如,在一定时间系统中处于静止状态的物质客体所造成的引力场,也许可望在其阐述中展示了对该时间系统的空间和时间的量的特殊参170 考。这个引力场当然可以用任何测量系统来表达,但是,这种特殊参考作为简单的物理说明仍然存在。

注释一：关于古希腊的点的概念

在我有幸看到希斯（T. L. Heath）爵士的《古希腊的欧几里得》①一书之前，前面的章节已经出版了。在原著中，欧几里得的第一个定义是：

$$\sigma\eta\mu\epsilon\tilde{\iota}\acute{o}\nu\ \epsilon\sigma\tau\iota\nu,\ o\tilde{\upsilon}\ \mu\acute{\epsilon}\rho o\varsigma\ o\dot{\upsilon}\theta\acute{\epsilon}\nu.$$

我在本书第77页以扩展的形式引用了我童年时所学过的这一定义："没有部分且没有大小。"在论述欧几里得之前，我本来应该查阅希斯的英文版著作——从发行时起它就是一部经典之作。然而，这种微不足道的修正并不影响意思，因而无须说明。在这里，我希望读者注意希斯本人在其《古希腊的欧几里得》中对于这个定义所做的说明。他概括了从毕达哥拉斯学派开始，经由柏拉图和亚里士多德，直到欧几里得的古希腊人关于点的本质的思想。我在第80到82页上关于点的必要特性的分析，则是与这些古希腊人讨论的结果完全一致的。

---

① *Euclid in Greek*，剑桥大学1920年出版。

注释二：关于意义和无限事件

在本书中，意义理论得到扩展，并且更为明确。在《自然知识原理研究》中（参见3.3到3.8节，和第16.1、16.2、19.4节以及第20、21节），这一理论已经得到介绍。在阅读了本书的证据之后，我得出的结论是：根据这种发展，我把无限事件限制在持续性上是站不住脚的。这一限制是在《自然知识原理研究》第33节和本书第四章开头（第68页）所陈述的。不仅存在着包含整个当下持续性的被识别事件的意义，而且存在着同步事件的意义，涉及它向前和向后的贯穿整个时间系统的广延。换言之，自然界中必不可少的"超越"不仅是空间上确定的超越（参见第40—50、168页），而且是时间上确定的超越。这一结论是从我关于时间和空间的同化及其来源于广延的全部命题中得出来的，并且在分析我们的自然知识的特性中也具有同样的根据。它来自于承认如下观点：把点径（即永恒空间的点）定义为抽象元素是可能的。这对恢复瞬间和点之间的平衡是一个巨大进展。然而，我仍然坚持在《自然知识原理研究》第35.4节做出的陈述，即一对非平行的持续性的相交不会把其自身向我们呈现为一个事件。这个修正并不会影响这两部著作中随后的推理。

我可借此机会指出，《自然知识原理研究》第57节中的"稳定事件"只不过是从抽象的数学观点所获得的同步事件。

图书在版编目（CIP）数据

自然的概念 /（英）怀特海著；杨富斌，陈伟功
译 . —北京：商务印书馆，2023
（科学人文名著译丛）
ISBN 978 - 7 - 100 - 23098 - 8

Ⅰ.①自…　Ⅱ.①怀…②杨…③陈…　Ⅲ.①自然哲
学—研究　Ⅳ.① N02

中国国家版本馆 CIP 数据核字（2023）第 188201 号

科学人文名著译丛
自然的概念
〔英〕怀特海　著
杨富斌　陈伟功　译

商 务 印 书 馆 出 版
（北京王府井大街 36 号　邮政编码 100710）
商 务 印 书 馆 发 行
北京市十月印刷有限公司印刷
ISBN 978 - 7 - 100 - 23098 - 8

2023 年 11 月第 1 版　　　开本 880×1230　1/32
2023 年 11 月北京第 1 次印刷　印张 6
定价：43.00 元